머릿속에 쏙쏙!
세포·유전자 노트

머릿속에 쏙쏙!

세포·유전자 노트

다케무라 마사하루 지음
정미애 옮김

시그마북스
Sigma Books

머릿속에 쏙쏙! 세포·유전자 노트

발행일 2024년 7월 25일 초판 1쇄 발행
지은이 다케무라 마사하루
옮긴이 정미애
발행인 강학경
발행처 시그마북스
마케팅 정제용
에디터 최연정, 최윤정, 양수진
디자인 김은경, 김문배, 강경희, 정민애

등록번호 제10-965호
주소 서울특별시 영등포구 양평로 22길 21 선유도코오롱디지털타워 A402호
전자우편 sigmabooks@spress.co.kr
홈페이지 http://www.sigmabooks.co.kr
전화 (02) 2062-5288~9
팩시밀리 (02) 323-4197
ISBN 979-11-6862-274-6 (03470)

파본은 구매하신 서점에서 교환해드립니다.

* 시그마북스는 (주) 시그마프레스의 단행본 브랜드입니다.

머리말

세포나 유전자 같은, 이른바 '생물학'에 대한 이야기를 꺼내면 살짝 긴장하는 사람이 있습니다. 고등학교 시절에 생물을 싫어하던 사람은 더욱 그러하죠.

하지만 생각해 봅시다. 우리가 살고 있는 이 시대는 세포나 유전자에 관한 지식과 기술이 가장 필요한 시대가 아닐까요?

독감 바이러스나 신종 코로나바이러스로 인한 감염병이 세계 곳곳에서 맹위를 떨치는 것은 우리 인간이 '생물'이라는 증거입니다. 우리는 생물이기에 바이러스에 감염됩니다. 생물은 모두 '세포'로 이루어져 있죠.

따라서 그 바이러스들에 맞서기 위해서는 먼저 바이러스가 감염하는 상대인 '세포'에 대해 잘 알아야 하며, 그 세포를 세포답게 만드는 유전자에 대해 잘 알아야 합니다. 더 나아가 백신이나 치료제 등 다양한 예방, 치료 수단의 기본인 '생명공학'에 대해 잘 아는 것이 중요합니다.

우리의 삶과 점점 더 가까워지고 있는 세포, 유전자 그리고 생명공학.

잠시 시간을 내서 이들에 대해 알아봅시다.

도쿄 이과대학 교수,

다케무라 마사하루

차례

제 1 장

세포란 무엇일까?

01 인간은 수많은 세포로 이루어져 있다?

우리 인간의 키가 대체로 1~2m 사이라는 것은 누구나 아는 사실입니다. 간혹 2m가 넘는 사람도 있지만 여기서는 그냥 넘어가기로 합시다. 이 정도 크기라면 우리는 그것을 눈, 즉 맨눈으로 볼 수 있습니다. 아무리 작아도 밀리미터 단위라면 역시 볼 수 있죠. 그러나 그 이상 작아지면 맨눈으로는 볼 수 없어서 현미경의 힘을 빌려야 합니다.

◎ 지구상의 모든 생물은 세포로 이루어져 있다

우리 인간은 현미경의 힘을 빌리지 않으면 볼 수 없는, 바로 그 '세포'라는 아주 작은 '블록'으로 이루어져 있습니다. 물론 인간뿐 아니라 지구상의 모든 생물이 그렇습니다.

하지만 모든 생물이 이 '블록'이 많이 모여 만들어진 것은 아니며, 단 하나의 블록 자체가 하나의 생명체로서 독립해 살아가는 예도 있습니다.

이처럼 블록, 즉 '세포'가 많이 모여 이루어진 생물을 **다세포 생물**이라고 하며, 세포 하나가 독립적으로 살아가는 생물을 **단세포 생물**이라고 합니다.

쉽게 말해, 맨눈으로 볼 수 있는 생물은 대부분 다세포 생물이며,

단세포 생물은 대부분 맨눈으로는 볼 수 없습니다.

대장균이나 결핵균 같은 박테리아도 세포로 이루어져 있습니다. 연못이나 늪, 하천에 서식하는 작은 플랑크톤, 이를테면 아메바나 짚신벌레, 연두벌레 등 현미경으로 들여다봐야 볼 수 있는 생물 역시 세포로 이루어져 있죠. 달리 말하면 이처럼 작은 생물들은 '세포=생물'이라 할 수 있습니다.

물론 맨눈으로 볼 수 없을 만큼 작은 다세포 생물도 있고, 2022년에는 2cm에 달하는 큰 단세포 생물도 발견된 만큼 맨눈으로 볼 수 있느냐, 없느냐 하는 점에는 양쪽 모두 예외가 있습니다.

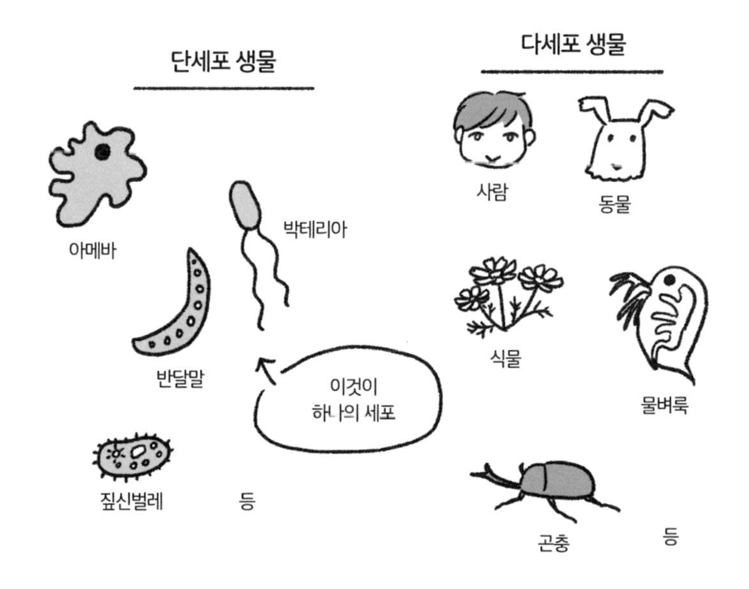

어쨌든 우리 인간도 맨눈으로 또렷이 볼 수 있으니 수많은 세포가 모여서 만들어진 생물, 즉 다세포 생물입니다.

세포의 크기는 생물에 따라 다양한데, 우리 인간의 세포는 일반적으로 수십 마이크로미터 정도입니다.

◎ 세포가 모이면 어떤 이점이 있을까?

그렇다면 많은 세포, 이를테면 단세포 생물로 살아가는 생물들이 많이 모이면 다세포 생물이 될 수 있을까요?

물론 생물의 진화 과정에서 그런 일이 발생했을 수도 있지만, 지금의 다세포 생물은 단순히 세포가 많이 모여서 생겨난 것이 아닙니다.

세포가 많이 모인 생물이 진화한 이유는 역시 '세포가 많이 모이면 이점이 있기 때문'입니다. 그 이점 중 하나는 세포가 모여 '덩치가 커질 수 있었다'는 점인데, 단순히 덩치만 커진 것이 아닙니다.

세포가 많이 모이면 **세포들이 각자 역할 분담**을 하는데, 더 나아가 그 세포들이 그 역할에 특화돼 이른바 '많은 전문성을 갖춘 전문가 집단'이 되면서 단세포 생물이었을 때보다 더 **복잡한 고도의 기능을 수행할 수 있다**는 점입니다. 이것이 바로 다세포 동물의 가장 큰 이점입니다.

02 코르크를 관찰하다가 세포를 발견했다?

세포 대부분은 너무 작아서 맨눈으로는 볼 수 없습니다. 그래서 현미경이 발명되기 전까지 우리 생물이 이처럼 작은 것들이 모여 만들어진 존재라는 사실을 아무도 몰랐습니다. 그렇다면 세포를 세계 최초로 발견한 사람은 누구일까요?

◎ 훅이 처음 세포를 발견!

세포는 식물에서 처음 발견되었습니다. 17세기에 영국의 과학자 **로버트 훅**이 코르크를 현미경으로 관찰하다가 코르크가 무수한 작은 방으로 이루어진 것을 보고 이를 '셀(세포)'이라고 이름 지었죠.

로버트 훅은 생물학뿐만 아니라 물리학 분야에도 업적을 남긴 인물입니다. 특히 용수철의 탄성이 한계를 넘어서지 않는 한 용수철의 길이와 스프링 끝에 달린 추의 무게가 비례한다는, 이른바 '훅의 법칙'을 발견한 사람으로 유명합니다.

당시 영국의 과학은 세계적으로 가장 앞서 있었는데, 지금처럼 물리, 화학, 생물, 지질학 등으로 세분되지 않아 과학자는 지금의 과학자보다 더 다재다능했습니다. 훅도 그런 사람 중 하나였죠.

훅은 그 밖에도 여러 법칙을 제창하고 발견했지만, 그의 업적은 동시대 인물 아이작 뉴턴의 그늘에 가려 20세기가 될 때까지 거의 주목받지 못했습니다. 그러나 지금은 훅과 관련된 과학사적 연구가 진전되면서 그의 업적 가운데 상당 부분이 널리 알려지게 되었습니다.

◎ 미시세계의 스케치를 출판하다

훅은 1665년 저서 『마이크로그라피아(Micrographia)』(로버트 훅이 다양한 렌즈를 통해 관찰한 내용을 담은 역사적으로 중요한 책-옮긴이)를 출간합니다. 이 책은 미시세계를 묘사한 정교한 스케치로, 당시 과학계뿐 아니라 일반사회에도 큰 영향을 끼쳤습니다.

이 책은 단순히 미시세계의 관찰 도감이라는 위치에 그치지 않고, 훅의 다양한 이론(이를테면 '연소 이론'이나 '모세관 현상론')을 포함한 대규모 과학서였습니다. 그 안에는 식물의 죽은 조직으로 알려진 코르크의 단면 관찰 스케치가 실려있는데, 코르크가 작은 방들의 집합

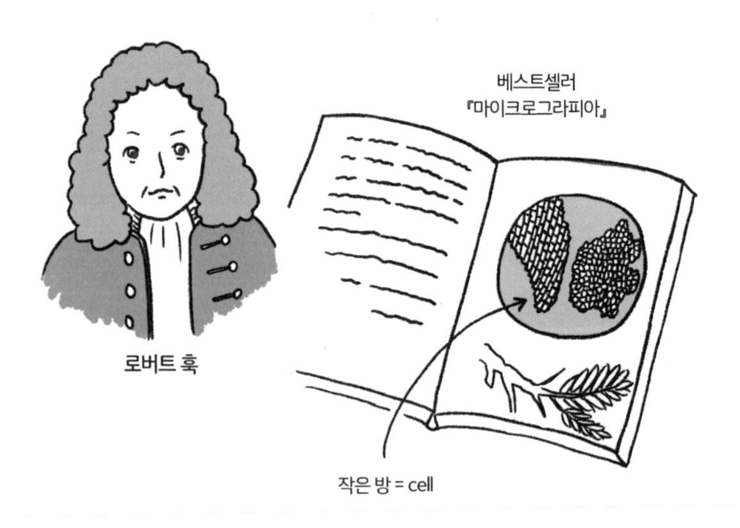

체임이 선명하게 묘사되어 있죠.

이 '작은 방'을 훅은 'cell(세포)'이라고 불렀습니다.

코르크, 말하자면 훅은 죽은 식물의 조직을 관찰한 것입니다. 따라서 이 시점에서는 훅이 현대에서 말하는 '생물의 기본 단위'로서의 세포(다음 항목에서 소개)를 인식한 것은 아닙니다.

하지만 훅은 이후 살아있는 식물 조직을 현미경으로 관찰하면서 비슷한 '작은 방'을 관찰했기 때문에 이 '작은 방'이 생물의 기능에 있어 매우 중요한 기본 단위임을 이미 알아차렸는지도 모릅니다.

그 뒤 수많은 과학자가 세포 조직을 관찰했고, 19세기에 들어서 독일의 생물학자 마티아스 야코프 슐라이덴과 테오도르 슈반이 모든 동식물은 세포로 이루어져 있다는 '세포설'을 주장했습니다.

참고로 일본어 '세포(細胞)'는 에도시대의 의사이자 네덜란드학 학자이기도 한 우다가와 요안이 1834년, 그의 서서 『이학입문 식학계원(理學入門植學啓原)』에서 처음 사용했습니다.

03 인간과 세포=국가와 시민의 관계!?

모든 생물은 세포로 이루어져 있습니다. 물론 우리 인간도 무려 37조 개나 되는 세포로 이루어져 있죠. 그렇다면 우리 인간에게 세포란 '어떤 존재'일까요?

◎ 우리 몸이 복잡한 이유

단순히 37조 개의 세포가 모여서 만들어졌다고 하기에는 우리 인간의 몸은 너무 복잡해 보입니다. 37조 개의 세포가 완전히 똑같다면 지금 우리처럼 눈과 입, 손과 발, 뇌와 간이 있을 리 없고 땅딸막한 세포 덩어리만 덩그러니 존재했을 테니까요.

다시 말해 우리는 37조 개의 세포로 이루어져 있지만 그 양상은 매우 복잡하며, 실제로는 **종류가 다른 수많은 세포가 일정한 질서로 짜여**

있음을 의미합니다. 단순히 세포 덩어리가 아닌 겁니다.

인간에게, 아니 대부분의 다세포 생물에게 세포는 단순한 '블록'이 아닙니다. **그 자체로 하나의 생물**이며, 다양한 종류의 세포가 있다는 것은 **저마다 다른 역할을 부여받았다**는 의미이기도 합니다.

우리 인간을 예로 들면 신경세포는 뇌와 신경계를 만들어 감정과 사고, 감각을 관장하고, 근육세포는 근육을 만들어 우리의 '움직임'을 관장하며, 소장 상피세포는 영양분의 소화 흡수를 담당합니다. 피부 세포는 몸을 물리적으로 보호하고 유지하며, 면역세포는 외부의 적을 물리쳐 우리 몸을 보호합니다. 이처럼 다양한 세포들이 다양한 역할을 분담함으로써 우리의 몸을 만들고 살아있게 하죠.

요컨대 세포는 우리 인간에게는 생명 유지에 필수적인 '기본 단위'인 동시에 복잡한 몸을 만들기 위한 '구성요소'인 셈입니다.

참고로 우리가 늘 손질하고 가위질하는 손톱이나 머리카락에도 세포는 존재하지만, 전부 죽어서 각질화된 세포입니다. 반면 치아의 법랑질에는 세포가 없습니다.

◎ 세포는 건강해야 한다!

루돌프 피르호라는 사람이 있습니다. 19세기 독일의 병리학자이자 철혈재상이라 불린 정치가 비스마르크의 정적으로도 알려진 정치가이죠.

피르호는 인간의 몸을 국가에 비유하고, 세포를 시민에 비유하며 세포의 중요성을 설명했습니다. 국가가 건강해지려면 시민이 건강해야 하는 것처럼(그래서 피르호는 베를린 상하수도 정비에 힘을 쏟음) 인간의 몸 역시 세포가 건강해야 한다, 그 **세포가 변성돼 비정상이 되면 질병이 생긴다**고 설파했습니다.

인간에게 있어 세포가 어떤 존재인가 하는 피르호의 이런 생각은 열매를 맺는 듯합니다. 지금도 우리 인간이 겪는 수많은 질병은 세포 없이는 이야기할 수 없습니다. 암은 바로 세포의 질병이라고도 할 수 있고, 감염병은 바이러스 등에 의한 세포 파괴의 결과이며, 뇌경색이나 심근경색도 결국 막힌 혈관이나 면역세포 같은 세포의 작용으로 설명할 수 있습니다.

물론 세포에도 수명이 있으므로 언젠가는 죽습니다. 대신 우리 조직에는 '줄기세포'라는 세포가 있어, 이들이 활발하게 세포분열을 반복하므로 세포가 죽어도 계속해서 보충됩니다.

상처가 나을 때도 손상된 조직을 원상복구 하기 위해 주변 세포가 분열하면서 회복이 이뤄지죠.

우리 면역 시스템에도 세포가 크게 관여합니다. T 세포, B 세포와 같은 림프구, 매크로파지 같은 식세포가 항상 우리를 외적으로부터 보호해 줍니다. 알레르기 반응이 일어나는 것도 특정 면역세포가 꽃가루 등에 과민하게 반응하기 때문입니다.

그만큼 세포는 우리 인간에게 중요한 존재입니다.

04 아메바와 짚신벌레는 어떻게 살아갈까?

이야기를 잠깐 되돌려 봅시다. 우리 인간은 수많은 세포로 이루어진 다세포 생물이지만, 한편으로는 하나의 세포로 이루어진 '단세포 생물'이 존재한다는 이야기를 01절에서 한 바 있습니다. 그들은 대체 어떻게 살아가는 걸까요?

◎ 핵의 유무로 나뉜다

단세포 생물은 크게 **진핵생물**(세포 안에 핵이 있는 생물)과 **원핵생물**(세포 안에 핵이 없는 생물)로 나눌 수 있습니다(다세포 생물은 모두 진핵생물에 속합니다).

앞서 말한 대장균이나 결핵균 그리고 낫토균 등 이른바 '박테리아(세균)'는 원핵생물입니다. 원핵생물은 지구상에 최초로 태어난 생명

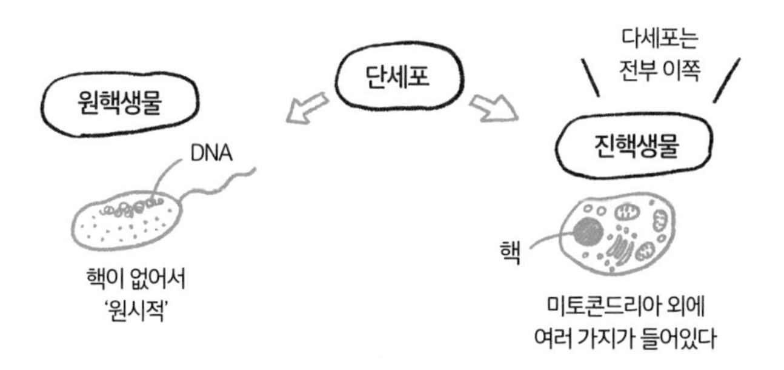

체로 추정되므로 세포의 형태도 원시적이죠. 한편 우리 인간을 포함해 맨눈으로 볼 수 있는 거의 모든 생물이 그렇듯이 진핵생물은 원핵생물에서 진화한 것으로 보입니다. 진핵생물 가운데 아메바나 짚신벌레와 같은 단세포 생물은 원핵생물과 마찬가지로 너무 작아서 맨눈으로는 볼 수 없습니다.

◎ 단세포 생물은 어떻게 식사를 할까?

그렇다면 이러한 단세포 생물들은 대체 어떻게 살아가는 걸까요?

살아간다는 말에는 여러 의미가 있습니다. 우리 인간이라면 '일상생활=살아간다'는 측면이 강하지만, 단세포 동물은 음악을 듣는다거나 오락거리를 즐기는 등 우리 인간과 같은 '삶'을 산다고 볼 수는 없습니다.

그들의 삶은 한마디로 "음식을 먹고, 호흡하고, 분열해서 증식하는 것"이라 할 수 있습니다(물론 우리 인간도 따지고 보면 그렇습니다).

단세포 생물이 음식을 섭취하는 방법은 다양합니다.

원핵생물인 박테리아는 세포 가장 바깥쪽에 있는 세포벽과 그 안쪽에 있는 세포막을 통해 영양물질과 산소를 섭취하고, 마찬가지로 세포막과 세포벽을 통해 노폐물과 이산화탄소를 배출합니다(산소를 사용하지 않고 살아가는 원핵생물도 있습니다).

한편 진핵생물인 단세포 생물의 음식 섭취 방식은 다양합니다. 아메바는 **세포막으로 음식물(박테리아 등)을 감싸는 식작용(食作用)**을 일으켜

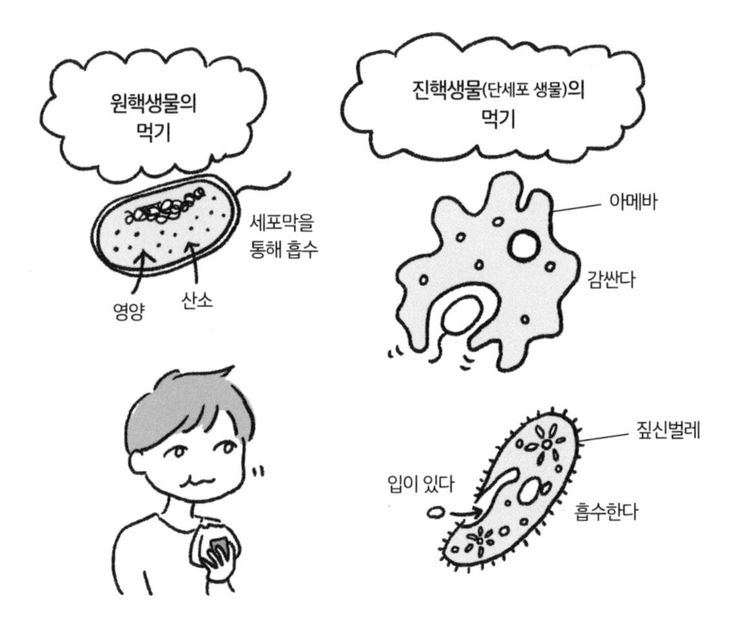

음식물을 세포 내로 흡수하고, 우리의 위에 해당하는 '식포(食胞)' 안에서 소화합니다. 짚신벌레는 '세포구(細胞口)'라는 기관에서 음식물을 흡수해 '식포' 안에서 소화하죠.

그렇게 영양분을 체내로 흡수해 호흡하며 살아갑니다.

한편 우리 인간의 세포는 혈액이 둘러싸고 있으며, 혈액 속에 포함된 포도당(혈당) 같은 영양분을 흡수해 활동합니다.

◎ 환경에 적합한 숫자로 증감

호흡은 영양분인 탄수화물을 분해해 이산화탄소로 만드는 과정에서 에너지 물질인 'ATP'를 만들어 내는 시스템으로, 산소를 소비합니다. 박테리아 중에서 '호기성세균'이나 진핵생물은 이 시스템으로 ATP

를 생산하고 활동하죠. 따라서 적어도 진핵생물은 단세포 생물이든 다세포 생물이든 이 방식에 있어서는 다르지 않습니다.

그리고 단세포 생물은 거의 예외 없이 '분열'해서 증식합니다. '세포분열'이라고도 하는데, 말 그대로 기본적으로 세포 가운데 부분이 잘록해지거나 벽이 생기면서 두 개의 세포로 나뉘어 증식합니다.

이처럼 단세포 생물은 환경이 허락하는 한 분열을 통해 기하급수적으로 증식하지만, 대부분은 천적에게 잡아먹히거나 영양이 부족해져서 그리 많이 늘어나지는 않습니다. 환경에 맞게 생태계 내에서 적절히 그 수를 유지해 가죠.

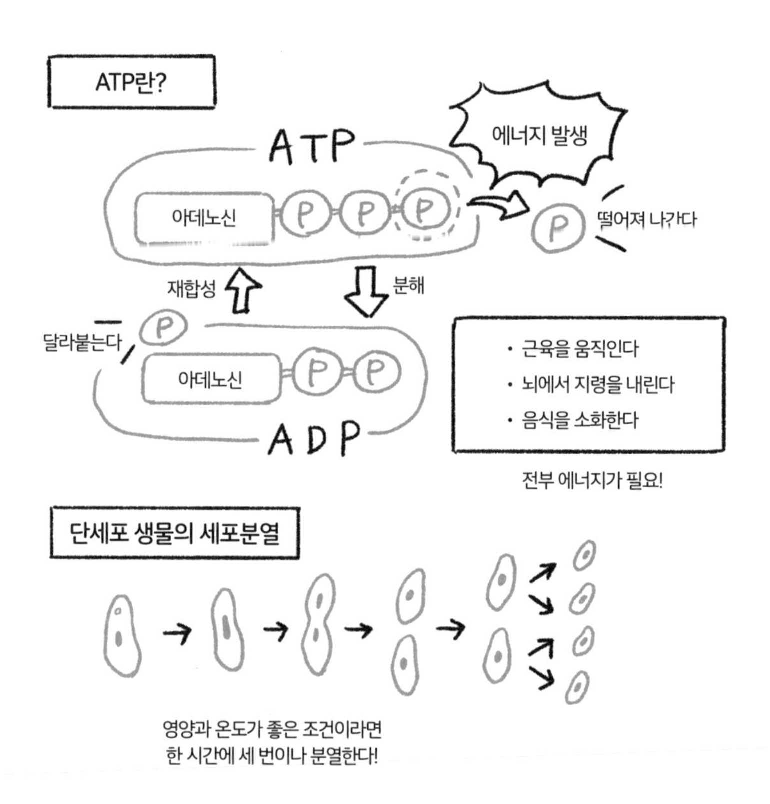

05 세균은 무엇으로 만들어졌을까?

세균이란 앞에서 가끔 등장한 '박테리아'입니다. 그리고 지금까지 몇 차례 설명했듯이, 세균 역시 세포로 이루어져 있죠. 달리 말하면 '세균 = 한 개의 세포'입니다. 다만 세균은 원핵생물이므로, 그 세포는 우리 인간, 즉 진핵생물이 가진 '진핵세포'가 아닌 '원핵세포'입니다.

◎ 원핵생물은 조상과 같은 형태

원핵생물은 모든 생물의 조상으로 추정되므로, 그 형태는 조상의 형태를 그대로 물려받았다고 볼 수 있습니다. 그리고 그 세포는 우리 진핵생물보다 단순한 형태를 띱니다.

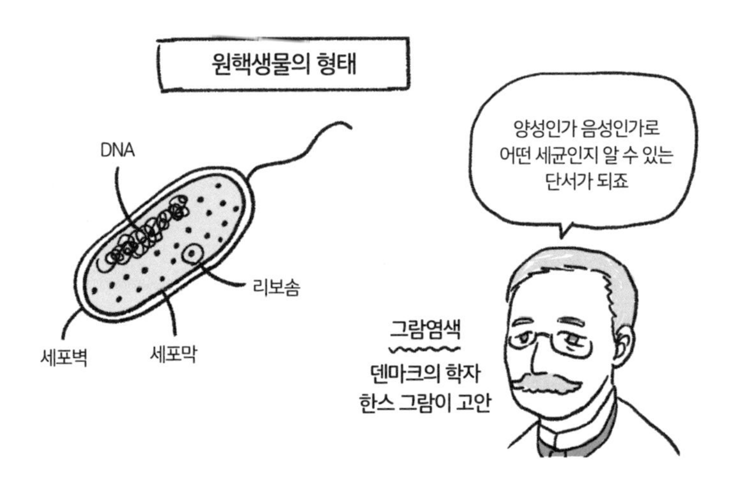

원핵세포인 세균의 세포 안에는 핵과 미토콘드리아(다음 절에 설명)와 같은 **세포 소기관(오가넬)이 없습니다**. 세균 중에서도 가장 단순한 세균에는 유전자 본체인 'DNA'와 단백질을 합성하기 위한 '리보솜'이라는 무수히 많은 작은 입자 정도만 존재합니다. 이들은 세포막 안에 갇힌 세포질(단백질의 재료가 되는 아미노산, DNA의 재료가 되는 뉴클레오타이드나 염기 등이 다량 포함) 안에 존재하며, 세포막 바깥쪽은 '세포벽'이라는 단단한 조직으로 덮여있습니다.

이 세포벽에는 사실 여러 종류가 있습니다. 특히 잘 알려진 것이 '그람염색[1]'이라는 방법으로 염색되는 세포벽과 염색되지 않는 세포벽으로, 전자와 같은 세포벽을 가진 세균을 '그람 양성균', 후자와 같은 세포벽을 가진 세균을 '그람 음성균'이라고 합니다.

이 차이는 펩티드글리칸[2]이라는 물질 층의 두께, 그 외부에 막이 있는지 등에 따라 결정됩니다.

◎ 광합성을 할 수 있는 세균이 있다?

DNA와 리보솜이 세포막과 세포벽으로 둘러싸여 있다는 특징은 물론 원핵세포의 '기본 형태'에 불과하므로, 실제로는 DNA와 리보솜 외에 복잡한 소기관을 가진 것도 있습니다.

---

1 덴마크의 세균학자 한스 그람이 고안한 염색법으로, 두 가지 시약을 사용합니다. 보라색으로 염색되는 것이 그람 양성균, 붉은색으로 염색되는 것이 그람 음성균.

2 세균 세포벽의 주성분으로, 펩타이드(단백질보다 작은 아미노산 중합체)와 당질을 포함한 고분자 화합물.

이를테면 **시아노박테리아**라는 세균이 있습니다. **이 세균은 광합성을 할 수 있는 '광합성 세균'**으로 알려진 박테리아로, 세포 내에 광합성을 하기 위한 '틸라코이드'라는 겹겹이 쌓인 막으로 이루어진 구조를 볼 수 있죠.

최근에는 우리 진핵생물처럼 DNA가 막으로 둘러싸여 마치 핵을 가진 것처럼 보이는 세균도 발견되었습니다. 또한 2022년에는 1~2cm, 즉 맨눈으로 볼 수 있을 만큼 거대한 세균도 발견되었죠. 우리에게 세균은 바이러스와 더불어 감염병의 원인으로 인식되지만, 사실 세균의 세계는 심오합니다.

덧붙이자면, 감염병에 걸려 '항생물질'을 처방받아 본 사람이 꽤

있을 겁니다. 이 물질은 여러 가지 작용을 하는데, 잘 알려진 것이 세균의 세포벽 합성 메커니즘을 억제하는 작용입니다.

그밖에 항생물질은 세균의 대사 시스템을 억제하는 것, 단백질 합성을 억제하는 것 등 종류가 다양하지만, **전부 바이러스에는 효과가 없습니다**. 바이러스는 생물이 아니기 때문입니다.

06 인간과 아메바는 모두 진핵생물!?

드디어 진핵생물이 등장했습니다. 생소한 단어일 수 있지만, 우리 인간을 포함해 맨눈으로 볼 수 있는 거의 모든 생물이 이에 해당합니다. 04절에서 '세포 안에 핵이 있는 생물'을 진핵생물이라고 했는데, 글자 그대로 '진짜 핵을 가진' 것이 바로 우리 진핵생물입니다.

◎ 진핵생물의 세포=핵+세포 소기관

여기서 말하는 핵은 핵무기의 핵과는 전혀 다릅니다. '세포핵'이라고도 불리는 것으로, 세포 안에 있는 유전자의 본체 물질인 DNA를 세포막과 같은 구조(지질 이중층)의 막, 즉 '핵막'으로 감싸고 있는 것이죠. 이것이 '진짜 핵'이며, 원핵생물은 이것이 없습니다.

원핵생물에서는 DNA가 거의 맨몸 형태로 존재하며, 전자현미경으로 들

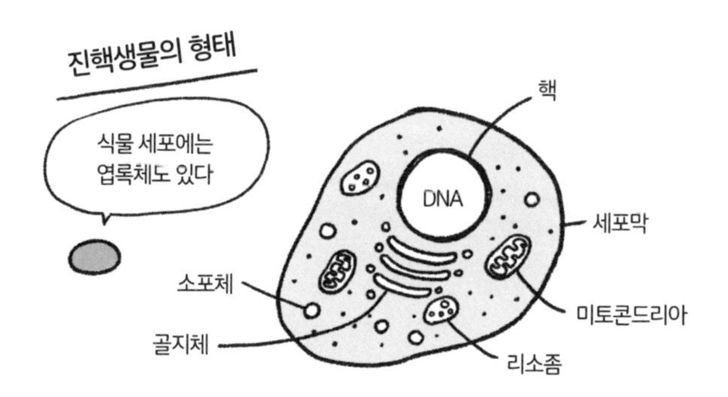

여다보면 DNA가 있는 부분이 주위와는 조금 다르게 보입니다(핵양체라고 합니다). 다시 말해, '원시적인 핵'을 가진 생물이라는 의미에서 '원핵생물'이라는 이름이 붙었습니다.

따라서 진핵생물의 특징을 한마디로 요약하면 "세포에 핵이 있다"인데, 사실 그뿐만이 아닙니다.

진핵생물의 큰 특징으로는 세포에 핵 외에도 여러 '세포 소기관'이 있다는 점을 들 수 있습니다. 세포 소기관(오가넬)은 이름처럼 세포 안에 있는 작은 기관이지만, 이들의 기능은 '소기관'이라는 이름으로 표현하기에는 너무도 중요합니다.

핵 이외의 유명한 소기관으로는 **미토콘드리아, 엽록체, 소포체, 골지체**가 있는데, 이 중 미토콘드리아와 엽록체는 진핵생물의 진화라는 의미에서도 매우 중요한 위치를 차지합니다. 미토콘드리아와 엽록체는 사실 그 자체가 '원핵생물'이었던 것으로 보이기 때문입니다.

◎ 진핵생물은 원핵생물이 서로 공생해서 탄생했다!?

미토콘드리아는 원래 독립해서 살던 '호기성세균', 즉 산소를 이용해 에너지 물질 ATP를 만드는, 지금 우리의 호흡법을 그대로 가진 박테리아였던 것으로 추정됩니다.

이것이 우리 진핵생물의 원형이 된 '혐기성 고세균(古細菌)', 즉 산소를 이용하지 않고 살아가던 고세균(08절에서 자세히 소개) 안에서 공생하게 되고, 그것이 진화해 미토콘드리아가 된 것으로 보입니다.

한편 엽록체는 마찬가지로 독립해서 살던 '광합성 세균', 즉 광합성을 하는 시아노박테리아의 조상이었던 것으로 추정됩니다.

시아노박테리아는 흔히 여름에 번식해 연못이나 늪 등지를 녹색으로 물들이는 '남조류'라는 미생물의 일종입니다. 이 시아노박테리아의 조상이 지금의 녹색식물의 조상 세포에 공생하며 진화한 것이 엽록체입니다.

요컨대 진핵생물은 태곳적에 살던 여러 원핵생물이 서로 공생해서 탄생한 생물입니다. 그래서 진핵생물의 DNA를 조사해 보면, 이러한 원핵생물의 조상으로 추정되는 DNA가 뒤섞여 만들어진 흔적을 볼 수 있죠.

그렇다면 진핵생물이라는 이름의 유래가 된 '핵'은 어떻게 만들어졌을까요? 사실 이는 진핵생물의 최대 수수께끼로, 여러 가설만 난무한 채 아직 정답이 나오지 않았습니다. 사실 저 역시 핵의 기원은 바이러스라는 가설을 발표한 바 있습니다.

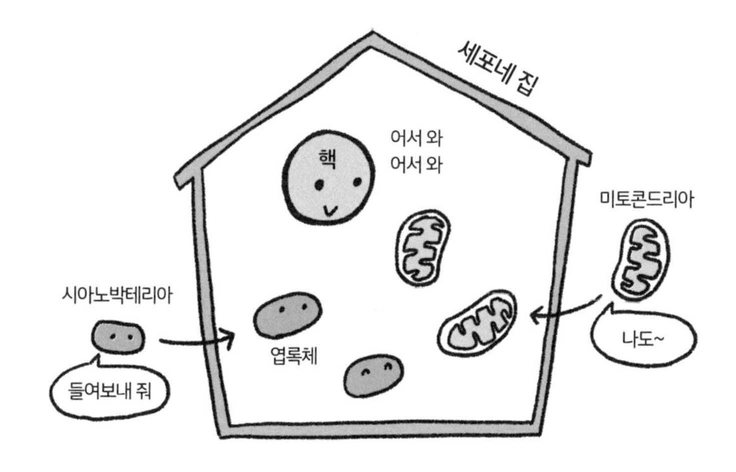

07 핵의 소중함은 적혈구가 알려준다?

우리 진핵생물의 핵은 06절에서도 언급했듯이, 진핵생물의 핵심이라 할 만큼 중요한 세포 소기관입니다.

그 안에는 세포의 설계도라 할 수 있는 유전체(DNA)가 들어있고, 그곳의 유전자로부터 단백질을 만들라는 지시(전령 RNA)가 내려오므로, 세포가 단백질을 만들고 활동하기 위한 사령탑인 셈입니다. 따라서 진핵생물의 세포에는 대부분 핵이 존재합니다.

◎ 적혈구에는 핵이 없다?

어라? '대부분'이라고 했나요?

맞습니다. 사실 진핵생물 중에는 그 세포, 즉 진핵세포임에도 핵이 없는 세포가 있습니다. 그 세포의 특징을 보면 핵이 얼마나 중요한지 알 수 있습니다.

핵이 없는 세포의 대표 격이 여러분도 잘 아는 '적혈구'입니다. 혈액의 붉은색을 내는 이 세포는 헤모글로빈이라는 색소를 많이 포함하고 있으며, 온몸에 산소를 운반하는 매우 중요한 세포입니다. 이처럼 중요한 세포임에도 **적혈구에는 핵이 없습니다**. 이유가 뭘까요?

사실 적혈구는 '일회용' 세포이기 때문으로, 그들은 **'산소를 온몸 구석구석까지 운반'하는 임무를 부여받은 뒤 임무를 완수하면 더는 쓸모가 없어집니다.** 적혈구는 조혈모세포라는 세포가 분열하고 분화해 만들어 내는 것으로, 계속해서 보충되죠.

그래서 적혈구는 새로운 유전자를 발현해 단백질을 만들 필요가 없습니다. 오히려 모세혈관에까지 들어가(이때 적혈구 세포는 유연하게 변형됩니다) 산소를 운반하는 적혈구에게 핵이라는 거대한 세포 소기관은 물리적으로 방해가 될 뿐이죠. 따라서 단백질을 보충할 수 없는 적혈구는 수명이 다하면 사멸합니다. 단백질을 만들어 활동하는 일반적인 세포의 관점에서는 핵의 중요성을 잘 알 수 있죠.

◎ 핵이 있으면 단백질을 만들 수 있다

이처럼 우리 몸속에서 핵이 없는 세포는 적혈구 정도이고, 그 외 세포들은 제대로 핵을 갖추고 있습니다. 핵이 있다는 것은 단백질 설계도, 즉 그 세포의 설계도이기도 한 DNA를 가지고 있다는 의미입니다.

DNA에는 많은 유전자가 있고, 그 유전자에서 전령 RNA가 생성돼 세포질에 있는 단백질 합성 장치 '리보솜'까지 운반되며, 거기서 전령 RNA의 지시에 따라 아미노산이 연결돼 단백질이 만들어집니다. 모든 생명체에 필요불가결한 이 과정이 이루어지는 덕분에 세포는 생명을 유지할 수 있죠.

그렇다면 원핵생물은 핵이 없는데 어떻게 살아갈 수 있는 걸까요? 기본적으로 **DNA와 리보솜만 있으면 설계도는 작동**하므로 문제없습니다.

어쨌든 원핵생물은 진핵생물의 조상이기도 하므로 살아있지 않으면 안 됩니다.

08 아키아는 어떤 생물일까?

06절에서 '고세균'이라는 생물이 등장한 바 있습니다. 미토콘드리아의 조상인 호기성세균이 공생한 우리 진핵생물의 조상 세포가 '혐기성 세포'였다는 이야기였죠. '고세균'이란 대체 무엇일까요? 고세균은 세균보다 '오래된' 것일까요?

◎ 고세균은 세균에서 진화했다!

고세균(古細菌).

이름만 보면 '세균보다 오래전부터 존재하던 생물이구나'라고 생각하기 쉽지만, 사실 전혀 아닙니다!

오히려 **고세균은 세균보다 나중에 지구상에 등장한 생물**이죠. 지구상에서 가장 오래된 생물은 세균이며, 고세균은 세균에서 진화한 것으로 추정됩니다.

이러한 오해를 막기 위해 요즘에는 일본에서도 '고세균'이 아닌 영어에서 유래한 **아키아(archaea)**(세균은 박테리아)라고 부르는 경우가 많아졌습니다.

'아키아'는 원래 '아키박테리아(archaebacteria)', 세균은 '유박테리아(eubacteria)'라고 불렀습니다.

‘아키(archae-)’는 ‘오래된’ 또는 ‘원시’라는 의미가 있어서 예전에는 일본어로 각각 ‘고세균’, ‘진정(眞正)세균’이라고 번역했죠.

하지만 세균보다 더 나중에 출현한 것인데 어째서 ‘고(古)’세균이냐 하는 의문 때문에, 최근에는 ‘고세균’보다는 ‘아키아’라는 단어를 사용하는 것이 더 바람직하다는 분위기입니다.

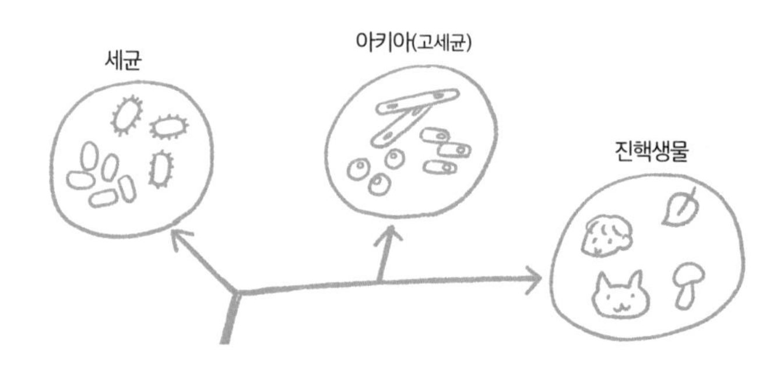

세균은 비교적 우리 인간이 사는 환경과 유사한 환경에서 서식하는 경우가 많습니다. 대장균, 고초균(낫토균), 유산균, 뮤탄스균(이른바 충치균) 등은 우리 인간의 삶에도 크게 관여하므로, 친숙하다면 친숙한 생물들이죠.

하지만 아키아는 그렇지 않습니다. 현재 아키아는 메탄생성 고세균, 초호열성 고세균 등 이른바 ‘극한 환경’에 서식하는 경우가 많아 우리에게는 그리 친숙한 존재가 아닙니다. 그러나 사실 아키아는 우리 진핵생물과 같은 조상을 가진, 진화 계통학적으로는 세균보다 더 가까운 생물입니다. 이것이 아키아가 가진 신비로운 특징이라 할 수 있죠.

즉, 지구상에는 먼저 세균이 태어났고, 그다음 아키아로 진화했으며, 아키아에서 진핵생물로 진화한 것입니다. 그리고 세균과 아키아는 원핵생물입니다.

◎ 진핵생물에 가장 가까운 고세균은 무엇일까?

20세기 후반에 아키아가 발견되고, 생물학자 칼 워즈가 그 진화 계통적 중요성을 깨달은 이후 점차 다양한 아키아가 전 세계에서 발견되었고, 이와 함께 아키아에 감염하는 바이러스 '아키아 바이러스'도 발견되기 시작했습니다.

현재 아키아에는 유리 고세균, 아스가르드 고세균 등 몇 가지 계통이 존재하는데, 특히 흥미로운 것이 북유럽신화와 관련된 이름을 가진 **아스가르드 고세균**입니다. 그도 그럴 것이 앞서 우리 진핵생물은 아키아에서 진화했다고 했는데, 사실 현재 아키아 중에서 **진핵생물과 계통적으로 가장 가까워** 보이는 것이 바로 아스가르드 고세균입니다.

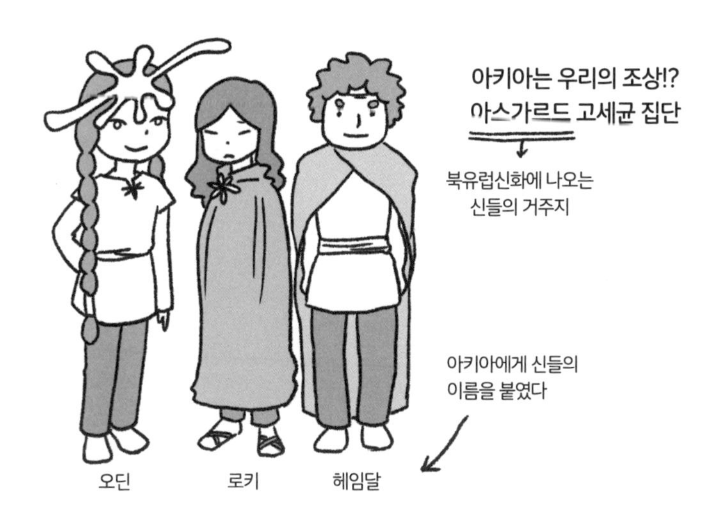

이 아키아는 오랫동안 실험실 배양에 성공하지 못하다가 2020년 일본 연구진이 처음으로 배양에 성공했습니다. 10년 넘게 연구해 온 이 결과는 세계적인 과학지 〈네이처〉에 발표되었죠. 그 아키아는 마치 거미불가사리처럼 촉수를 가진 형태였고, 그것이 미토콘드리아의 조상을 끌어들여 진핵생물로 진화한 것으로 보입니다.

아키아의 세계는 무서우리만치 심오하다는 것을 새삼 깨닫는 연구 성과였습니다.

09 바이러스도 세포로 이루어졌을까?

바이러스라고 하면 대다수 사람은 독감 바이러스나 신종 코로나바이러스, 노로바이러스 등을 떠올립니다. 이러한 바이러스는 병원체로 알려져 있는데, 마찬가지로 병원체가 될 수 있는 세균 같은 생물과는 무엇이 다를까요?

◎ 바이러스는 세포가 아니라 물질!?

바이러스가 처음 발견된 것은 19세기 후반입니다.

지금도 가끔 뉴스에서 볼 수 있는, 소가 걸리는 감염병 '구제역'은 구제역 바이러스라는 바이러스로 인해 발생합니다.

19세기 말, 독일의 세균학자 프리드리히 뢰플러와 파울 프로쉬는 세균을 걸러서 제거할 수 있는 '샹베를랑 필터'라는 여과기를 통과한 여과액을 접종해도 구제역에 걸린다는 사실을 밝혀냈습니다.

또 식물인 담배에 발생하는 '담배 모자이크병'이라는 질병 또한 여과기를 통과한 여과액을 접종해도 걸린다는 사실을 러시아의 미생물학자 드미트리 이바노프스키가 밝혀냈죠.

요컨대 이 여과기를 통과할 수 있는, 세균보다도 더 작은 '무언가'가 이 질병의 원인임을 알게 된 것입니다.

그리고 1898년, 네덜란드의 미생물학자 마르티누스 베이에링크는 이 '무언가'에 '바이러스'라는 이름을 붙였습니다.

'virus'는 '독(毒)'이라는 뜻의 단어입니다.

이후 바이러스에 관한 연구가 진전되면서, 20세기 중반 무렵 미국의 생화학자 웬들 스탠리가 담배 모자이크병을 일으키는 담배 모자이크 바이러스를 결정화해 전자현미경으로 관찰하면서 처음으로 그 모습이 우리 눈앞에 드러났습니다. 그것은 생물(세포)이라기보다는 가늘고 긴 물질 그 자체라는 느낌이었죠.

요컨대 **바이러스는 세포(생물)가 아닌 '물질'**로 간주하는 경우가 많습니다.

바이러스는 생물의 기본 단위인 세포보다도 훨씬 작고 전자현미경으로만 볼 수 있을 만큼 단순한 형태이며, **스스로 증식할 수 없고 생물의 세포 안으로 침투해야만 증식할 수 있기 때문입니다.** '스스로 증식할 수 있다'라는 것은 생물의 철칙이므로, 바이러스는 생물로 간주하지 않습니다.

◎ 바이러스는 어떤 모습일까!?

세포는 세포막이라는 지질로 된 막으로 덮인 복잡한 형태를 하고 있습니다.

세균의 경우, 세포 안에 DNA와 리보솜 외에 다른 영양물질도 많아서 스스로 DNA를 복제하고 리보솜으로 단백질을 만들어 분열할 수 있습니다.

하지만 바이러스는 그런 형태가 아닙니다.

바이러스의 기본 형태는 유전자의 본체인 DNA(DNA가 없고 RNA만 있는 바이러스도 있습니다)를 캡시드라는 단백질 외피로 둘러싼 형태입니다. 당연히 리보솜은 없으므로 스스로 DNA를 복제하거나 단백질을 만들지는 못합니다.

즉, 바이러스는 세포가 아니라는 의미입니다. 바이러스에 대해서는 4장에서 자세히 소개할 예정이니 기대해 주세요.

◎ 세포와 비슷한 크기의 바이러스도 있다

21세기에 접어들자, 생물이라고 할 수는 없지만 바이러스치고는 상당히 큰, 때로는 세포와 비슷한 크기에 복잡한 메커니즘을 가진 바이러스가 발견되었습니다. 바로 '거대 바이러스'라고 불리는 바이러스입니다.

거대 바이러스 중에서도 특히 크고 복잡한 **미미 바이러스**는 2003년, 프랑스의 베르나르 라 스콜라 등이 발견했습니다.

그 크기와 보유한 유전체 DNA의 길이가 세계 최소로 추정되는 생물(세균의 일종인 미코플라스마)보다 클 뿐 아니라 스스로에게 감염하는 바이러스까지 있다고 하니 놀라울 따름입니다. **바이러스인데 바이러스에 감염되는**, 기존의 바이러스에 관한 상식을 뒤엎는 바이러스죠.

미미 바이러스 외에도 판도라 바이러스, 마르세유 바이러스, 메두사 바이러스 등 거대 바이러스에는 여러 종류가 있습니다. 4장 7절에

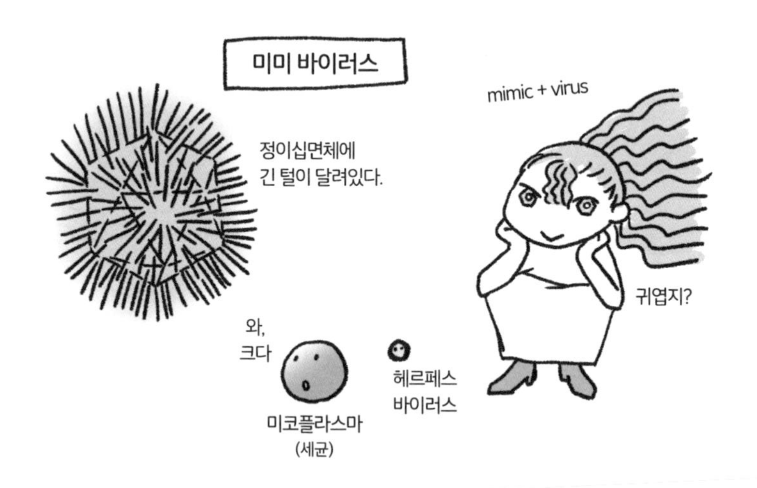

서 좀 더 자세히 소개하겠습니다.

물론 이러한 거대 바이러스가 발견되더라도 바이러스는 세포로 이루어지지 않았다는 사실은 변함없습니다. 다만 지금까지 알려지지 않은 바이러스의 세계가 확장됨에 따라 바이러스와 세균은 완전히 다르며, 바이러스는 물질이라는 기존의 생각은 앞으로는 통하지 않을 듯합니다.

10 세포를 안다는 것은 어떤 의미가 있을까?

앞서 설명했듯이, 세포는 우리 생물의 다양한 기능의 기본 단위인 동시에 우리 생물의 구조적인 기본 단위이기도 합니다. 그렇다면 이러한 세포들에 대해 더 자세히 아는 것에는 대체 어떤 의미가 있을까요?

◎ 세포 하나하나가 집으로 기능한다

흔히 우리 다세포 생물(여러 세포로 이루어진 생물)은 많은 벽돌을 쌓아 만든 벽돌집에 비유하곤 합니다. 01절에서는 '블록'이라는 표현을 썼죠.

하지만 사실 이 비유는 그리 적절하지 않습니다. 벽돌집에는 '집'이라는 기능이 있지만, 벽돌 그 자체에는 '집'으로서의 기능이 없기 때문입니다.

다세포 생물과 이를 구성하는 세포의 관계는 벽돌집과 벽돌의 관계와는 전혀 다릅니다. 요컨대 **벽돌집을 이루는 벽돌 한 장 한 장에도 '집'으로서의 기능이 있는 것**이 바로 다세포 생물과 세포의 관계죠.

그런 의미에서는 '중첩'이 더 적절한 비유라 할 수 있습니다.

◎ 세포를 아는 것=내 몸을 아는 것

다세포 생물은 단세포 생물이 모여 "어이, 우리 함께 살자. 그게 더 유리해"라는 방향으로 진화해 온 것이므로, 처음에는 '단세포 생물의 집합체'가 출발점이었다고 볼 수 있습니다.

잘 알려진 생물로는 늪이나 연못 등지에 서식하는 녹조류의 일종인 '볼복스'가 있습니다. 이는 클라미도모나스의 일종인 단세포 생물이 집단으로 생활하는 '군체'라는 형태의 하나이기 때문입니다.

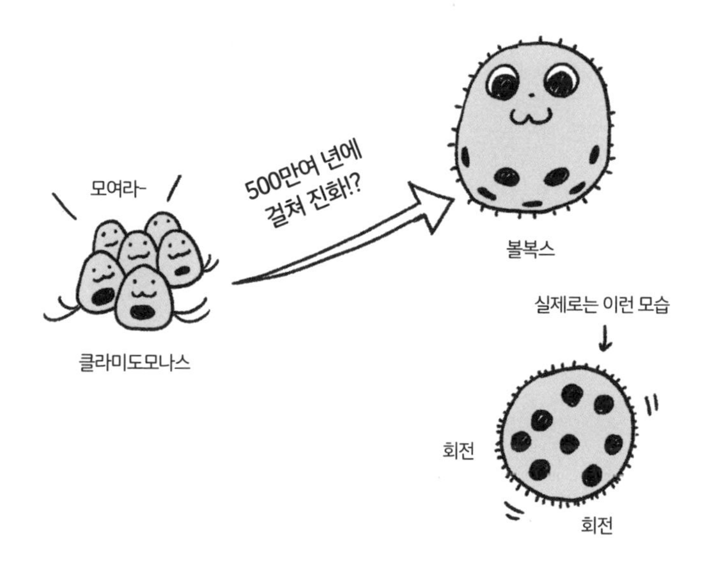

이러한 집합체가 더 많은 세포로 이루어진 다세포 생물이 됩니다. 그 과정에서 사람이 많이 모이면 이를 통솔하는 사람이 나오고 다양한 직업을 가진 사람이 생기듯이, 다세포 생물의 세포들도 처음에는 모두 똑같았다가 점차 역할 분담이 이루어집니다.

그렇게 신경세포, 근육세포, 상피세포, 연골세포, 림프구, 섬유아세포 등 여러 종류의 세포로 이루어진 다세포 생물이 출현하게 된 것이죠.

따라서 세포를 안다는 것은 단세포 생물이나 세포 하나하나의 구조를 이해하는 일이기도 하지만, 결과적으로 우리 다세포 생물의 몸을 이해하는 일이기도 합니다.

이번 장에서는 '세포란 무엇인가?'라는 큰 주제를 바탕으로 세포 발견의 역사, 인간에게 있어서의 세포, 단세포 생물, 세균, 아키아, 진핵생물 그리고 바이러스에 이르기까지 세포와 관련된 다양한 내용들을 쉽게 풀어보았습니다. 이제 세포가 무엇인지 대강 이해했으리라 보는데, 본론은 이제부터 시작입니다.

세포를 움직이고 있는 것은 세포보다도 더 작은 분자들입니다. 어떤 분자들이 세포 속에 있고, 어떤 메커니즘으로 세포를 움직이는지 모른다면 진정한 의미에서 세포를 이해했다고 볼 수 없습니다.

다음 2장에서는 그러한 분자들, 특히 'DNA', 'RNA', '단백질' 그리고 이들이 만들어 내는 유전자의 세계에 대해 배워봅시다.

칼럼 01

일본 식물학의 아버지는 우다가와 요안?

흔히 ○○학의 아버지라는 표현을 듣습니다. 이를테면 고대 그리스의 히포크라테스는 '의학의 아버지', 스웨덴의 린네는 '분류학의 아버지'로 불리죠. 일본에서도 '○○학의 아버지'라 불리는 사람이 각 분야에 존재할 수도 있지만 사실 1장 02절에서 등장한, '세포'라는 단어를 처음 문헌에서 사용한 인물 '우다가와 요안'은 '일본 식물학의 아버지'로 불릴 만한 인물입니다.

오가키번의 번의(번(藩)은 에도시대의 행정구역, 번의는 번에 소속된 의사를 뜻한다-옮긴이) 집안에서 태어난 우다가와 요안은 훗날 네덜란드학 학자 우다가와 겐신의 양자로 들어가 네덜란드학 학자, 쓰야마번의 번의로 활약한 인물입니다.

그는 일본에 처음으로 서양의 화학 서적을 번역해 소개하고, 또한 지금의 서양 식물학을 '식학'이라고 칭하며 『식학계원』 등을 출간해 이전에는 본초학(약이 되는 동식물의 박물학)만 있었던 일본에 근대 서양식 식물학의 싹을 틔웠습니다. 일본의 옛날 식물학자로는 마키노 도미타로가 유명하지만, 그보다 앞선 에도시대에 이미 우다가와 요안이 일본에서 식물학을 시작했기에 이토 게이스케(일본 최초의 이학박사)나 마키노 도미타로가 활약할 수 있는 토대가 마련된 셈입니다.

우다가와 요안이 서양의 화학과 식물학을 일본에 처음 소개했기에 이와 관련된 중요한 용어를 그가 만들었다고 전해지고 있습니다.

유명한 것으로는 '산소' '질소' '탄소' 같은 원소명이나 본문에도 나온 '세포' 같은 생물학 용어, '온도' '금속' '증기' '물질' '법칙' '황산' 같은 일반적인 화학 용어인데, 심지어 커피를 뜻하는 '珈琲'라는 글자도 우다가와 요안이 처음 사용한 것이 아니냐는 이야기도 있습니다. 우다가와 요안, 참으로 흥미로운 인물입니다.

제 2 장

유전자란 무엇일까?

01 유전자는 단백질을 만드는 설계도?

1장에서는 세포에 대해 살펴보았는데, 이번 장에서는 더 작은 미시 세계를 들여다보기로 합시다. 세포보다도 더 작디작은 분자의 세계. 바로 DNA의 세계이자, 유전자의 세계입니다.

◎ 생물학 용어의 세 가지 보물

저는 학생들에게 강의할 때 늘 '생물학 용어의 세 가지 보물'이라는 것을 설명합니다.

이는 **DNA**와 **진화**, **유전자**라는 용어로, 이제는 생물학 용어에서 벗어나 널리 대중에게 퍼지면서 '일반용어'가 된 것들입니다.

'진화'에 대해서는 이 책의 주제가 아니므로 생략하겠습니다.

'DNA'와 '유전자', 이 두 단어는 서로 떼려야 뗄 수 없는 관계이기에 곧잘 비슷한 상황에서 쓰입니다. 여러분도 들어본 적이 있을 겁니다.

이를테면 '○○(기업명)의 DNA' 같은 말이 있습니다. 그 기업의 기풍이나 신념, 기술, 대대로 계승해야 할 것을 'DNA'라는 말로 표현함으로써 기업의 일체감을 나타날 때 자주 쓰이죠. 이는 '○○(기업명)의 유전자'라는 말로 표현되기도 하며, 의미는 거의 비슷합니다.

말하자면 DNA와 유전자라는 두 단어가 거의 같은 의미로 통용되는 셈인데, 이는 곧 생물학 용어로서의 DNA와 유전자 역시 거의 같은 의미로 쓰일 때가 많음을 의미하기도 합니다.

◎ 유전자는 설계도

서론은 이쯤 하고, '유전자'에 대해 살펴봅시다. 유전자란 대체 무엇일까요?

먼저 그 이름에서 보듯이 '유전'하는 무언가임을 알 수 있습니다. 유전이란 부모에게서 자식으로, 자식에게서 손주로 그 생물의 특징이나 성질(생물학적으로는 형질이라고 합니다)이 전달되는 것을 말합니다. 한편 '유전자'의 '자'는 '인자(因子)'라는 의미이므로, 유전자란 '유전하는 인자', 즉 '유전하는 형질의 원인이 되는 인자'라는 의미입니다.

하지만 여전히 이해가 잘 가지 않죠. 이 글을 쓰고 있는 저조차 잘 모르겠습니다. 도대체 '인자'란 무엇일까요?

고등학교 생물 교과서에는 '유전자의 본체 물질은 DNA'라는 말이 나옵니다. 이 말에서도 알 수 있듯이, 생물에게 있어서 **그 생물의 형질을 결정하는 유전자는 DNA를 의미합니다.**

다만 모든 DNA가 유전자로 작용하는 것은 아니며, DNA 일부가 생물의 형질을 결정하는 역할을 하는 것, 그것이 유전자라고 볼 수 있습니다.

생물의 형질은 대부분 생물이 만드는 **단백질**에 의해 결정됩니다.

형질이란, 우리 인간을 예로 들면, 머리카락 색이 검다거나 눈동자가 파랗다, 입이 크다, 성질이 온순하다, 성격이 변덕스럽다 같은 것을 말합니다.

우리 인간은 수만에서 십수만 가지라고 알려진(사실 아직 정확히 밝혀지지 않았습니다) 단백질을 만들어 내며, 그 단백질로 몸을 움직이고, 몸의 형태를 결정하며, 성격도 거의 결정됩니다.

이 **단백질을 만드는 설계도가 바로 유전자**입니다.

02 DNA가 하는 일은 순서 정하기?

앞서 단백질을 만드는 '설계도'가 바로 유전자라고 했는데, 그렇다면 '설계도'란 무엇일까요? 설마 진짜 집 평면도나 다리 설계도 같은 것이 있을 리는 없습니다. 이는 어떤 것의 '배열 방식'을 정하는 설계도입니다.

◎ 단백질 설계도란?

앞서 "DNA의 극히 일부가 생물의 형질을 결정하는 역할을 하며, 그것이 유전자다"라고 말한 바 있습니다.

이 말에서 알 수 있듯 **유전자의 본체는 DNA**입니다. 달리 말해 화학물질로서 DNA 자체가 유전자의 역할을 하고 있다는 의미입니다.

그렇다면 유전자의 역할을 한다는 것은 곧 단백질을 만드는 설계도의 역할을 한다는 의미인데, 단백질 설계도란 대체 무엇일까요?

◎ 단백질은 아미노산으로 이루어져 있다

01절에서 설명했듯이, 우리 인간에게는 수만에서 십수만 가지로 추정되는 단백질이 존재합니다. 그 정확한 가짓수는 아직 밝혀지지 않았죠. 이러한 단백질의 종류는 어떻게 결정되는 걸까요?

우리 몸이 수많은 세포로 이루어져 있듯이 단백질 역시 수많은 '블록'으로 이루어져 있습니다. 단백질의 경우, 그 블록을 **아미노산**이라고 합니다.

단백질 블록이 될 수 있는 아미노산은 스무 가지인데, 이 스무 가지 아미노산이 다양한 순서로 많이 연결됨으로써 수만에서 십수만 가지의 단백질을 만들어 냅니다.

아미노산이란 아미노기를 가진 산(酸)이라는 의미로, 아미노기는 염기성이지만 여기에 카복실기도 함께 갖춘, 말하자면 **염기성, 산성의 성질을 모두 가진 물질**입니다. 탄소 원자를 중심으로 아미노산, 카복실기, 수소 그리고 스무 가지 '곁사슬'이라는 원자 덩어리가 붙어있는 형태죠.

즉, 아미노산의 종류는 이 **곁사슬이라는 원자 덩어리의 종류에 따라 결정됩니다.**

◎ 설계도＝아미노산이 연결되는 순서와 개수

앞서 "다양한 순서로 많이 연결"이라고 했는데, 더 정확히 말하면, 단백질은 스무 가지의 아미노산이 정해진 순서로 정해진 수만큼 중합(사슬처럼 연결되는 것)해서 만들어집니다. 따라서 단백질의 설계도란 어떤 아미노산이 어떤 순서로 얼마나 연결되는지가 기록된 것이죠.

그렇습니다. 유전자 역할을 하는 DNA에는 **어떤 아미노산이 어떤 순서로 얼마나 연결되는가**에 대한 정보가 기록되어 있습니다. 이 정보, 즉 아미노산의 '배열 방식'을 **단백질의 '아미노산 서열'**이라고 합니다.

우리 인간에게는 수만에서 십수만 가지나 되는 단백질이 있으며, '단백질의 종류'는 스무 가지 아미노산의 아미노산 서열로 결정됩니다. 아미노산 서열이 어떠한지에 따라 단백질이 결정되므로, 그 아미노산 서열 정보가 DNA에 기록됐다는 사실은 매우 중요합니다.

03 DNA에 어떻게 정보를 기록할까?

이처럼 단백질의 아미노산 서열 정보가 기록된 유전자의 본체 DNA. 대체 어떤 물질이며, 어떻게 그 정보가 '기록'되는 걸까요? 먼저 DNA라는 이름부터 풀어가 봅시다.

◎ 이중나선은 특별한 형태

DNA의 정식명칭은 '데옥시리보 핵산(deoxyribonucleic acid)'입니다. 영어 스펠링을 줄여서 'DNA'라고 하죠. 핵산, 즉 진핵생물의 핵 속에 있는 산성 물질이라는 뜻에서 붙여진 이름입니다. 말하자면 DNA도 평범한 화학물질의 하나에 불과하다는 의미입니다.

그런데 그 구조(형태)는 평범한 화학물질과는 크게 다릅니다.

단백질이 아미노산으로 이루어진 것처럼 DNA도 특정 물질을 '블록' 삼아, 그 블록들이 중합해 완성됩니다. 이 블록을 **뉴클레오타이드(데옥시리보 뉴클레오타이드)**라고 합니다. 이 뉴클레오타이드가 사슬처럼 중합해 가늘고 긴 형태가 된 것을 외가닥 DNA라고 합니다.

굳이 '외가닥'이라고 하는 걸 보면 두 가닥도 있겠지? 라고 생각했다면, 맞습니다! 사실 DNA는 외가닥이 아니라 두 가닥입니다. 더구

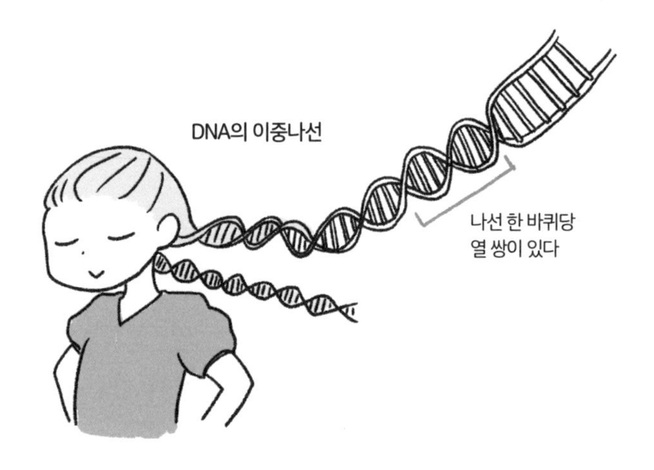

나 그냥 두 가닥이 아니죠. **두 개의 외가닥 DNA가 서로 얽혀서 '이중나선'** 이라는 매우 아름다운 형태를 이루고 있습니다.

◎ 염기는 매우 중요하다

자, 이제 DNA의 핵심을 살펴봅시다. 바로 '유전자'로서의 역할에 대해서입니다.

단백질의 아미노산 서열 정보는 대체 어떻게 '기록'되는 걸까요? 이를 알기 위한 열쇠는 DNA의 블록인 '뉴클레오타이드'의 구조입니다.

뉴클레오타이드는 사실 세 부분으로 나뉩니다. **핵산 염기(이하 '염기'로 표기)**[1], 당의 일종인 **데옥시리보스**, 그리고 **인산**입니다.

이 중 DNA의 유전자 역할에서 중요한 것이 염기입니다. 염기는 아

1 그냥 '염기'라고 하면 염기성 물질을 나타내는 '염기'와 혼동할 수 있으므로, 뉴클레오타이드를 구성하는 염기를 '핵산 염기'라고 합니다.

데닌, 구아닌, 시토신, 티민, 이렇게 네 가지입니다. 데옥시리보스와 인산은 뉴클레오타이드가 사슬 모양으로 연결될 때 그 뼈대가 되는 것인데, 이때 뉴클레오타이드 연결에 직접적으로 관여하지 않는 염기는 옆으로 튀어나온 모양이 됩니다.

즉, 다른 관점에서 보면 DNA는 가로로 긴 뉴클레오타이드가 연결된 것으로부터 네 종류의 염기가 튀어나와 가로 일렬로 쭉 늘어선 상태로 보입니다. 이 염기 배열을 **염기서열**이라고 합니다.

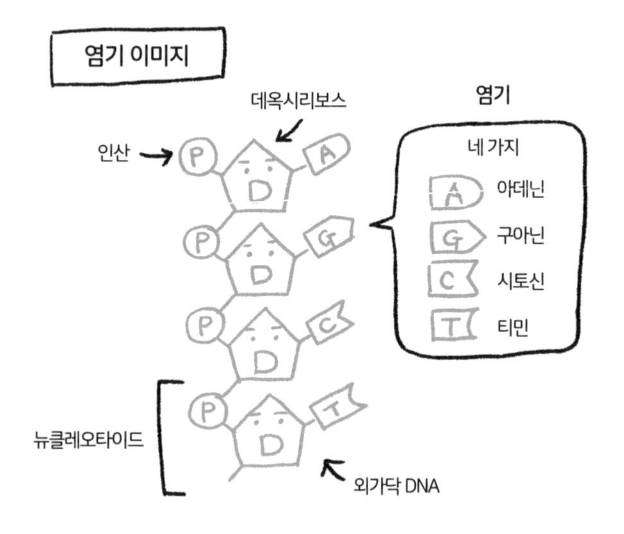

사실 이 DNA의 염기서열이야말로 유전자의 역할을 하는 주인공이라 할 수 있습니다. 어째서 염기서열이 주인공인지 순서대로 설명하겠습니다.

04 DNA를 발견한 사람은 누구일까?

DNA의 이중나선이라는 말에 '왓슨'과 '크릭'이라는 이름을 떠올린 사람이 많을 듯합니다. DNA의 이중나선 구조를 발견해 노벨상을 받은 유명한 과학자이기 때문이죠. 그러나 이는 흔히 오해하는 부분으로, 왓슨과 크릭은 DNA가 이중나선 구조라는 사실을 발견한 것이지 DNA 자체를 발견한 것은 아닙니다. DNA를 발견한 과학자는 따로 있습니다.

◎ DNA는 누가 발견했는지 정의하기 어렵다

DNA의 정식명칭이 '데옥시리보 핵산'이라는 것은 03절에서 소개한 바 있습니다. DNA를 발견했다고 한마디로 말하기에는 제법 복잡한 이유가, 처음에는 '핵산'이 먼저 발견되고 그다음에 그 핵산에 'DNA'와 'RNA'가 있다는 사실이 발견됐다고 하는 것이 정확한 역사이기 때문입니다.

현재 '핵산'이라고 불리는 물질은 1869년, 다친 병사들이 감고 있던 붕대에 스며든 백혈구에서 발견됐습니다. 스위스의 과학자 프리드리히 미셔가 백혈구의 핵에서 발견한 이 물질은 기존에 발견된 단백질과 달리 인(P)을 함유한 새로운 물질로, 그는 이 물질에 '뉴클레인'

이라는 이름을 붙였습니다.

뉴클레인은 이후 독일의 리하르트 알트만이라는 과학자에 의해 '핵산'이라는 이름으로 바뀌었습니다. 그리고 1909년에는 핵산 속에 'RNA'가 존재한다는 것, 1929년에는 핵산 속에 'DNA'가 존재한다는 것을 미국의 과학자 피버스 레빈이 밝혀냈습니다.[1]

즉, DNA를 발견한 사람은 누구인가 하는 질문에 대해 직접적으로는 레빈이라고 답할 수 있지만, DNA의 발견은 미셔가 뉴클레인을 발견했기 때문이라고도 할 수 있기에 DNA를 처음 발견한 사람은 미셔라고도 할 수 있습니다. 뭔가 애매모호하지요.

하지만 과학의 세계는 누군가 무엇을 발견하면 그 발견의 근원이 되는 발견이 따로 있고, 또 그 발견의 근원이 되는 발견이 따로 있는 식이라서, 모든 발견은 선인들의 발견이 있기에 가능한 세계이기도 합니다. 에이즈 바이러스나 C형 간염 바이러스와 같이 명백히 새로운 것을 발견한 경우 외에는 누가 발견했는지 엄밀히 정의하기 어려울 때도 있는데, DNA의 발견이 바로 그런 사례입니다.

◎ 역할과 구조를 해명한 사람은 왓슨과 크릭

하지만 이들이 DNA를 발견했다고 해서, 현재 우리가 잘 알고 있는 DNA의 중요한 역할과 구조까지 밝혀낸 것은 아닙니다.

이를 밝혀낸 사람은 제임스 왓슨과 프랜시스 크릭이라는 미국과

1 정확히는 RNA에는 리보스, DNA에는 데옥시리보스가 포함된 것으로 밝혀졌습니다. 즉, 핵산에는 구조가 다른 두 종류(RNA와 DNA)가 존재함을 레빈이 발견했다는 것이 정확한 이해입니다.

영국의 과학자들입니다. 이들은 DNA의 결정구조 해석 및 오스트리아 태생 미국의 생화학자 에르빈 샤가프가 밝혀낸 염기 조성의 특징(A와 T, G와 C가 거의 동등한 비율이다)을 통해 DNA가 이중나선 구조를 띠고 있으며, 또한 **A와 T, C와 G가 상보적 염기쌍을 형성**한다는 사실을 밝혀냈습니다.

이는 DNA가 왜 유전자로 기능하는지, 그 '복제' 메커니즘(3장 02절에서 설명)까지 밝혀낸 것으로, 생물학 역사상 가장 획기적인 발견으로 평가받았습니다.

05 근력 운동, 미용, 건강, 전부 단백질!!

단백질이라고 하면 흔히 '근육'이나 '근력 운동' '프로틴' 등이 떠오르지만, 단백질은 보디빌더에게만 필요한 것이 아닙니다. 유전자의 본체가 DNA이며, 그 유전자가 '단백질의 아미노산 서열 설계도'라는 사실만으로도 단백질이라는 물질의 중요성을 알 수 있죠. 그렇다면 단백질은 대체 우리에게 얼마나 중요한 것일까요?

◎ 우리는 단백질 덕분에 살아간다

02절에서도 언급했듯이, 우리 인간의 단백질은 십만에서 십수만 가지로 추정됩니다.

이처럼 애매모호하게 표현하는 이유는 실제로 얼마나 많은 종류의 단백질이 우리 몸 안에서 작용하는지 아직 밝혀지지 않은 탓이지만, 어느 정도는 규명된 상태입니다.

인간의 몸에서 가장 많은 양을 차지하는 단백질은 무엇일까요? 그 양은 무려 전체 단백질의 30%에 달한다고 합니다.

그 단백질은 바로 **콜라겐**입니다.

피부를 촉촉하게 유지하는 데 꼭 필요한 단백질인 콜라겐은 '세포

외기질(細胞外基質)'이라고도 하며, **세포와 세포를 연결하는 중요한 역할**을 합니다.

콜라겐이 없다면 인간은 '다세포 생물' 상태를 유지할 수 없습니다. "요즘 피부에 탄력이 없어" 같은 푸념으로 끝날 문제가 아닌 겁니다.

다음으로 많은 단백질이 근육을 만드는 단백질입니다.

액틴, **미오신**이라는 단백질이 유명한데, 이들이 길고 가느다란 섬유를 형성해 근육을 만들고, 이 두 가지 단백질이 슬라이딩하면서 근육이 수축합니다.

액틴과 미오신이 없다면 우리의 근육은 만들어지지 않습니다. 따라서 몸을 움직일 수도 없고, 소고기도 먹을 수 없죠. "한우는 마블링이 참 좋아" 같은 소리를 할 상황이 아닌 겁니다.

인간의 단백질 중에서 가장 종류가 많은 것은 '효소'로 작용하는 단백질입니다.

효소란 어떤 **화학반응을 빠르게 진행하는 촉매**로 작용하는 단백질을 뜻하며, 이를테면 **펩신**, **트립신**, **아밀라아제** 같은 소화효소나 DNA와 같은 화학물질을 만드는 합성효소 등 다양한 종류의 단백질이 세포 안

팎에서 작용하고 있습니다.

만일 효소로 작용하는 단백질이 없다면 우리는 이 몸을 유지할 수도, 성장할 수도 없습니다. "효소 파워로 묵은 때를 말끔히!" 같은 말을 할 때가 아니라는 뜻입니다.

다시 말해 우리 생물에게 단백질은 그만큼 중요합니다. 중요할 뿐만 아니라 우리 생물은 단백질로 이루어져 있고, 단백질 덕분에 살아갈 수 있다고 해도 과언이 아닙니다.

인간의 몸은 70%가 물로 이루어져 있는데, 그 물을 완전히 제거한 '건조 중량' 가운데 무려 70%가량이 단백질입니다. 숫자가 모든 것을 말해주는 것은 아니지만, 이 수치만으로도 단백질의 중요성을 짐작할 수 있습니다.

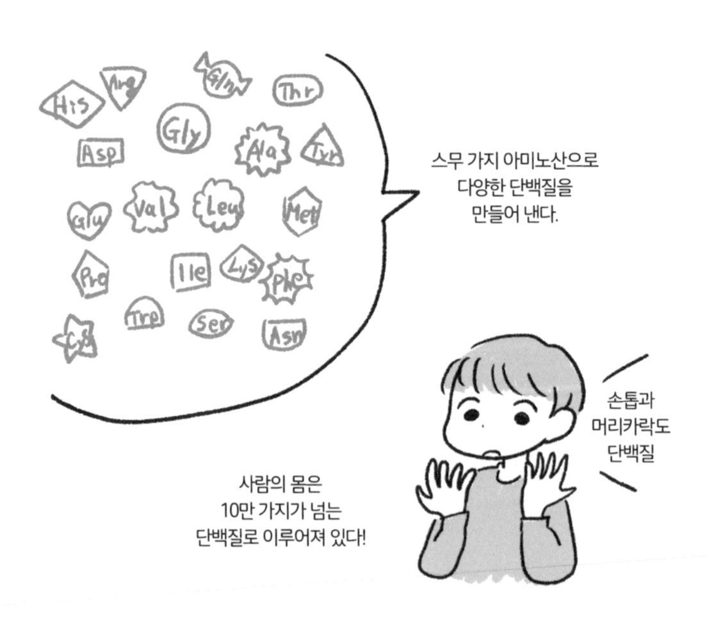

06 영어=염기서열, 한국어=아미노산 서열로 기억하자!

지금까지 유전자의 본체는 DNA이며, 유전자는 단백질의 아미노산 서열 설계도라고 설명했습니다. 그렇다면 그 '설계도'는 구체적으로 어떤 것이며, 어떤 방식으로 아미노산 서열을 지정하는 걸까요?

◎ 염기 배열을 통해 아미노산 배열을 해독하다

03절 DNA에서는 DNA의 '블록', 즉 뉴클레오타이드의 일부인 '염기'가 옆으로 튀어나온 모양이라고 했는데, 뉴클레오타이드는 가로 일렬(보기에 따라서는 세로 일렬일 수도 있지만)이므로 옆으로 튀어나온 염기 역시 가로 일렬로 늘어선 상태입니다. 이것이 염기서열이죠.

한국어를 모국어로 하는 사람이 예컨대 미국이나 영국에 가서 볼일이 있어 그곳 도서관에 갔다고 합시다. 당연히 미국이나 영국의 도서관이니 그곳에 있는 책들은 대부분 영어로 쓰여 있을 터입니다. 영어가 서툰 한국인은 어떻게든 그 내용을 한국어로 번역해야겠다는 생각이 들겠죠.

여기서 염기서열이 영어라면, 아미노산 서열은 한국어에 해당합니다.

즉, 영어를 못하는 사람이 영어책을 읽으려면 영어인 염기서열을 한국어인 아미노산 서열로 '번역'해야 한다는 뜻입니다.

여기서 중요한 것은 염기서열은 네 가지 염기 배열이고, 아미노산 서열은 스무 가지 아미노산 배열이라는 점입니다. 도대체 어떻게 네 가지 염기 배열이 스무 가지의 아미노산 배열로 '번역'되는 걸까요?

◎ 세 개의 염기 배열로 아미노산이 결정된다

특정 염기가 특정 아미노산을 '지정'할 때(부호화한다고 합니다), 하나의 염기로는 당연히 스무 가지의 아미노산을 나타낼 수 없습니다. 두 개의 염기 배열은 4×4=16이므로 여전히 스무 가지에는 미치지 못하죠. 그럼 세 개의 염기 배열이라면 어떨까요?

이를 밝혀낸 사람이 미국의 마셜 니런버그와 하르 고빈드 코라나입니다.

니런버그는 '우라실'(07절 참조)만 연결된 염기서열을 가진 RNA(DNA가 아닌 RNA입니다)를 인공적으로 합성해 실험한 결과, 이것이 대장균 추출액에서 리보솜에 의해 번역되면 페닐알라닌으로만 이루어진 폴리펩타이드[1]가 생성된다는 사실을 발견했습니다. 세계 최초로 염기서열이 아미노산 서열을 지정하는 현상, 즉 '유전 부호'를 발견한 것은 1961년이었습니다.

또한 코라나는 인공적으로 '우라실'과 '시토신'이 교대로 연결된 염기서열을 가진 RNA를 합성한 뒤 번역을 거치면 세린과 류신이 교대로 연결된 폴리펩타이드가 생성되는 것을 발견했죠.

이 연구를 통해 **세 개의 염기 배열이 하나의 아미노산을 지정한다**는 사실이 처음으로 밝혀졌습니다.

이후 니런버그의 연구실에서는 더 많은 유전 부호가 발견되었고,

1 아미노산과 아미노산은 '펩타이드 결합'이라는 결합으로 연결되므로, 아미노산이 많이 연결돼서 만들어진 화합물을 '폴리펩타이드'라고 하며, 폴리펩타이드가 일정한 구조를 가지고 기능하게 된 것을 '단백질'이라고 합니다.

현재는 **유전 부호표**라고 해서, 어떤 염기 세 개가 어떤 아미노산을 지정하는지에 대해 전부 규명된 상태입니다. 이 **세 개의 염기서열을 '코돈'**이라고 하며, 유전 부호표는 일명 '코돈표'라고도 합니다.

세 개의 염기라면 조합은 64개. 20개를 훌쩍 넘어 남아돌 정도입니다.

07 RNA는 어떤 물질일까?

개인적인 이야기입니다만 지금으로부터 15년 전쯤에 『탈 DNA 선언-새로운 생명관을 향하여(脱DNA宣言: 新しい生命観へ向けて)』라는 책을 출간한 적이 있습니다. 생명의 주인공은 DNA가 아니라 사실은 RNA임을 주장하는 책이었죠. 이 책에 대한 서평에서 본 "RNA? RNA나(아리에네나, 일본어로 '있을 수 없다'라는 뜻-옮긴이)" 같은 발언(호의적인 맥락에서)을 지금도 생생하게 기억하고 있습니다. RNA란 도대체 어떤 물질일까요?

◎ RNA와 DNA는 달라붙는다

물론 RNA의 존재가 '있을 수 없는' 것은 아닙니다. 오히려 RNA는 우리 생물에게 있어 매우 중요한 물질이죠.

RNA는 DNA의 자매 분자로도 불리는 물질로, DNA와 마찬가지로 뉴클레오타이드가 많이 연결된, 이 역시 DNA와 마찬가지로 염기서열로 표현할 수 있는 형태입니다. 하지만 RNA는 다음 세 가지 점에서 DNA와 다릅니다.

첫째, 뉴클레오타이드의 일부인 당이 DNA에서는 데옥시리보스이지만, **RNA에서는 리보스**(리보스 일부에서 산소 원자가 빠진 것이 데옥시리보스)라는 점입니다.

둘째, 네 가지 염기 중 하나가 DNA에서는 티민이지만, RNA에서는 우라실이라는 점입니다.

그리고 셋째, DNA가 보통 두 가닥(이중나선)인 반면, RNA는 한 가닥인 경우가 많다는 점입니다. 이런 차이가 있지만 RNA에 염기서열 자체는 존재하며, 티민이 우라실이 되었다고 해도 아데닌에 대해 상보적인 것은 티민이나 우라실이나 마찬가지입니다. 따라서 RNA는 DNA와 염기서열을 통해 달라붙을 수도 있습니다. 아니, 그렇게 되도록 만들어져 있습니다.

◎ RNA가 없으면 살아갈 수 없다!?

그 이유는 RNA는 DNA의 염기서열이 복사(전사)돼 만들어진 물질이기 때문입니다.

가장 유명한 RNA는 코로나 백신으로 유명해진 mRNA(messenger

(전령) RNA)입니다. 이는 DNA 가운데 단백질의 설계도가 되는 유전자의 염기서열이 전사돼 만들어진 RNA이므로 그 염기서열은 **유전자의 염기서열과 완전히 동일(다만 티민이 우라실이 될 뿐)**합니다. 세포는 이 mRNA의 염기서열을 바탕으로 단백질을 만들기 때문에 **mRNA가 없으면 세포는 단백질을 만들 수 없습니다.**

이외에도 mRNA의 염기서열을 바탕으로 단백질을 만드는 '리보솜'이라는 미세 장치가 세포 속에는 많이 존재하며, 이 리보솜의 주성분은 'rRNA(ribosomal(리보솜) RNA)'라는 RNA입니다.

또한 단백질은 리보솜에서 아미노산이 많이 연결되어 만들어지는데, 아미노산 하나하나를 리보솜까지 운반하는 것 역시 'tRNA(transfer(운반) RNA)'라는 RNA입니다.

요컨대 RNA는 '있을 수 없는' 것이 아니라 RNA가 없으면 우리는 단백질을 전혀 만들 수 없는, 즉 살아갈 수 없는, 우리 생물에게 있어 지극히 중요한 물질입니다.

08 유전체와 유전자의 차이는 무엇일까?

화제를 다시 DNA로 돌려봅시다. 여기서 새롭게 '유전체(genome)'라는 단어를 소개하겠습니다. 이 '유전체'라는 단어와 개념적으로 매우 유사한 단어가 지금까지 여러 번 등장한 '유전자'라는 단어인데, 그중에는 '유전정보'라는 표현도 있습니다. 과연 이 단어들, 즉 '유전체', '유전자', '유전정보'를 명확하게 구분해 이해할 수 있을까요?

◎ 유전체 = gene(유전자) + -ome(~의 전체)

'유전자'라는 단어, '유전정보'라는 단어 그리고 '유전체'라는 단어는 각각 무엇을 의미할까요?

유전체는 'genome'. 유전자는 'gene'. 앞부분 세 글자 'gen'이 같음을 알 수 있습니다. 즉, 유전체(genome)라는 단어는 'gene'과 '-ome(옴)'이라는 두 단어가 합쳐진 단어입니다.

옴은 물리학에서 저항을 나타내는 옴(Ω)도 아니거니와 〈바람계곡의 나우시카〉에 나오는 거대 곤충 '옴'도 아닙니다. 사실 이 '-ome'은 '~의 전체'라는 의미를 나타내는 접미어입니다. 따라서 '유전체'는 'gene의 전체', 즉 '유전자의 전체'를 가리키는 말이죠.

다만 유전자는 보통 '단백질의 아미노산 서열을 부호화하는 염기서열'을 의미하며, 그 **염기서열은 우리가 가진 DNA, 즉 유전체의 1.5% 정도**에 불과하므로 단순히 '유전자 전체 = 유전체'라고 단정하기는 어렵습니다.

방금 '보통'이라는 표현을 썼지만, 연구 분야에서 유전자라는 것은 단백질의 아미노산 서열을 부호화하는 염기서열뿐만 아니라 수많은 RNA의 염기서열을 부호화하는 부분도 포함하기 때문에 실제로는 1.5% 이상, 어쩌면 몇십 %의 부분이 유전자로 작용한다고 할 수 있습니다.

즉, 유전체는 유전자와 그밖에 중요한 염기서열을 모두 포함하는 것으로, '생물에 필요한 한 세트의 유전정보'인 셈입니다. 참고로 우리 인간의 체세포는 아버지와 어머니 양쪽에서 유전체를 물려받으므로, 두 세트의 유전체를 가지고 있습니다.

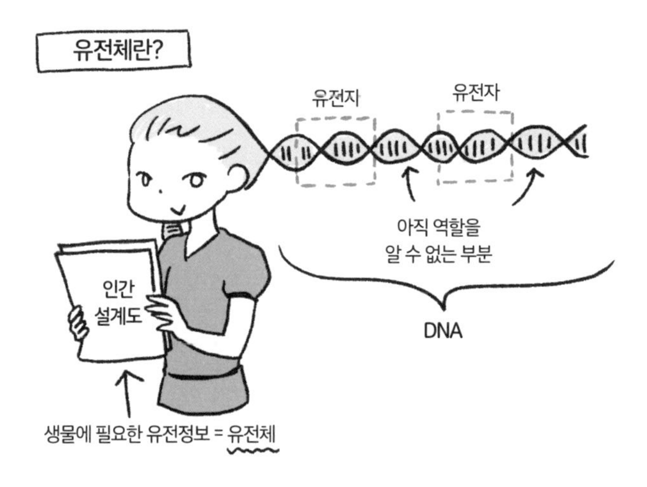

◎ 인간 유전체에는 유전자가 고작 1.5%

그렇다면 인간 유전체는 어떤 염기서열로 이루어져 있는지 살펴봅시다.

먼저 방금 말한 단백질의 아미노산 서열을 부호화하는 염기서열, 즉 '유전자'는 고작 1.5% 정도입니다. 진핵생물의 경우, 유전자는 **인트론**이라는 염기서열에 의해 여러 부분으로 분절된 경우가 대부분이므로, 그 분절된 부분(**엑손**이라고 합니다)이 1.5%라는 의미입니다. 엑손을 분절하는 인트론은 무려 26%나 존재하죠.

이밖에 과거에는 유전자였으나 돌연변이로 인해 지금은 유전자로 기능하지 못하는 '가짜 유전자'나 아미노산 서열을 부호화하지 않는 짧은 염기서열이 반복적으로 존재하는 '반복 서열', 태곳적에 감염된

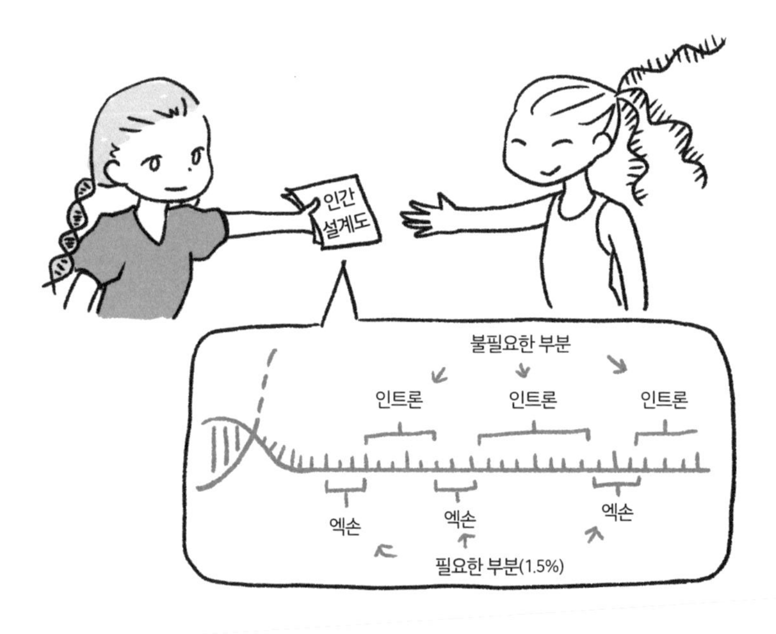

바이러스에서 유래한 서열, 그리고 다양한 기능을 하는 RNA를 부호화하는 부분(앞서 설명한 대로 RNA 유전자라고 합니다) 등이 있습니다.

이들은 단백질을 부호화하지는 않지만, 그 자체로 중요한 기능을 합니다.

09 센트럴 도그마란?

분자생물학에서 자주 쓰이는 센트럴 도그마(Central Dogma)라는 용어가 있습니다. 센트럴은 '중심'이라는 뜻으로, 우리가 자주 쓰는 말이죠. 하지만 '도그마'라는 단어는 다소 생소할 수도 있습니다. 센트럴 도그마는 애니메이션 〈신세기 에반게리온〉에도 등장하는 단어라 그쪽이 더 친숙할지도 있지만 고등학교 생물 교과서에 나오는 엄연한 생물학 용어입니다.

◎ 생물에게 공통된 중심 원리

'도그마'란 '교리'나 '원리'와 같이 어느 한 가지 사상의 기둥을 뜻합니다.

따라서 센트럴 도그마라는 말을 번역하면 '중심 교리' 혹은 '중심 원리'가 됩니다.

이 단어의 이미지만 보면 생물학 용어라기보다는 종교학이나 수학 용어 같습니다.

물론 이는 단지 이미지의 문제이며 생물학, 즉 생물의 메커니즘 안에는 모든 생물에게 공통되는 '중심 원리'가 있다고 생각하면 이해하기 쉽습니다.

사실 mRNA 백신에 대해 이해할 수 있다면 '센트럴 도그마'를 이해하는 일은 간단합니다.

센트럴 도그마에서 가장 중요한 것이 **유전자 본체인 DNA에서 mRNA가 전사되는 것이며, 그 mRNA에서 단백질이 번역되어 생성되는 것이**기 때문입니다.

즉, 센트럴 도그마를 그림으로 표현하면 다음과 같습니다.

복제되어 세포에서 세포로 전달되는 것은 '설계도'인 DNA이며, 각 세포에서는 DNA를 바탕으로 RNA(mRNA 포함)가 전사돼 만들어지고, 그 RNA가 협동해 단백질을 만든다. 그리고 이 단백질이 세포의 활동, 유지, 증식을 담당한다.

이것이 대장균을 비롯해 식물, 인간까지 모든 생물에게 공통된 '유전정보의 흐름', 즉 '센트럴 도그마'입니다.

◎ RNA에서 DNA로 정보가 전달되기도 한다!

그런데 위 그림을 자세히 보면 DNA와 RNA 사이가 양방향 화살표로 되어 있습니다.

이는 DNA에서 RNA가 전사되어 만들어질 뿐만 아니라 RNA에서 DNA로 유전정보의 흐름, 즉 **RNA에서 DNA가 '역전사'되어 만들어지는 예도 있다**는 의미입니다.

역전사는 모든 생물에게서 항상 일어나는 것은 아니지만, 우리 인간도 '역전사 효소'라는 효소 유전자를 가지고 있어서 최근에는 제법 많은 세포에서 이런 현상이 일어나는 것으로 밝혀졌습니다.

다만 DNA → RNA, RNA → 단백질로 이어지는 흐름에 비해 발생하는 경우는 제한적입니다.

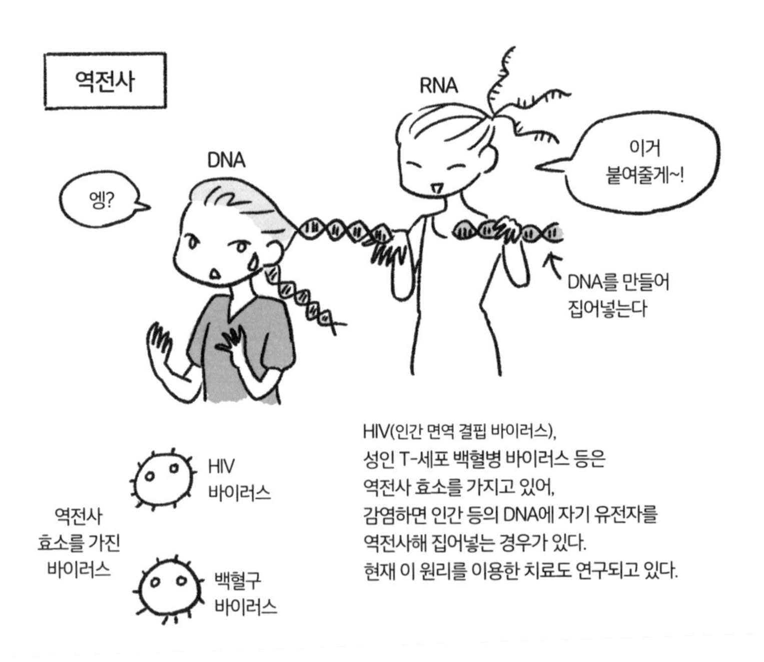

이 센트럴 도그마를 이해하면, 코로나 팬데믹에서 위력을 발휘한 'mRNA 백신'이 어떤 것인지 이해할 수 있습니다.

10 mRNA 백신은 설계도 복사본?

독자 여러분 중에도 코로나 팬데믹으로 신종 코로나바이러스에 감염된 사람이 있을 텐데, 대다수 사람에게 이번 코로나 팬데믹은 mRNA라는 단어가 매우 친숙해진 시기였을 듯합니다. 많은 사람이 'mRNA 백신'이라는 백신을 여러 번 접종한 것으로 보이기 때문입니다. 도대체 mRNA 백신이란 어떤 백신이며, 기존 백신과는 무엇이 다른 걸까요?

◎ 기존 백신

먼저 기존 백신은 바이러스 등의 병원체 자체를 비활성화시킨 것이나 병원체의 일부 단백질을 주사해 이에 대한 면역 항체가 생기게 하는 것이었습니다.

즉, 병원체 또는 그 일부로 **'이미 만들어진 것'을 주입해 우리의 면역반응을 활성화**하는 것이었죠. 주입된 것 자체가 체내에서 증폭되거나 새로운 병원체 단백질을 만들어 면역반응을 활성화하는 것은 아니었습니다.

◎ mRNA 백신은 항원을 증가시킨다

그런데 mRNA 백신은 다릅니다.

mRNA는 단백질이 되기 전인 '전사된 설계도 복사본'의 단계이므로, mRNA 백신은 '설계도 복사본'을 직접 주사하는 셈입니다. 즉, 주사한 체내에서 **항원이 되는 단백질**(신종 코로나바이러스의 경우, 그 스파이크 단백질)**이 새롭게 합성된다**는 뜻이죠.

일반 백신은 주사한 양만큼만 체내에 들어가지만, mRNA 백신은 체내에서 그 단백질이 계속 합성돼 증가하는 겁니다.

달리 말하면, 신종 코로나바이러스가 일반적으로 감염된 세포 내에서 일으키는 센트럴 도그마 과정 중 '번역' 과정이, 주입된 mRNA를 기반으로 우리 몸 안에서 신종 코로나바이러스의 존재와 무관하게 일어나는 겁니다.

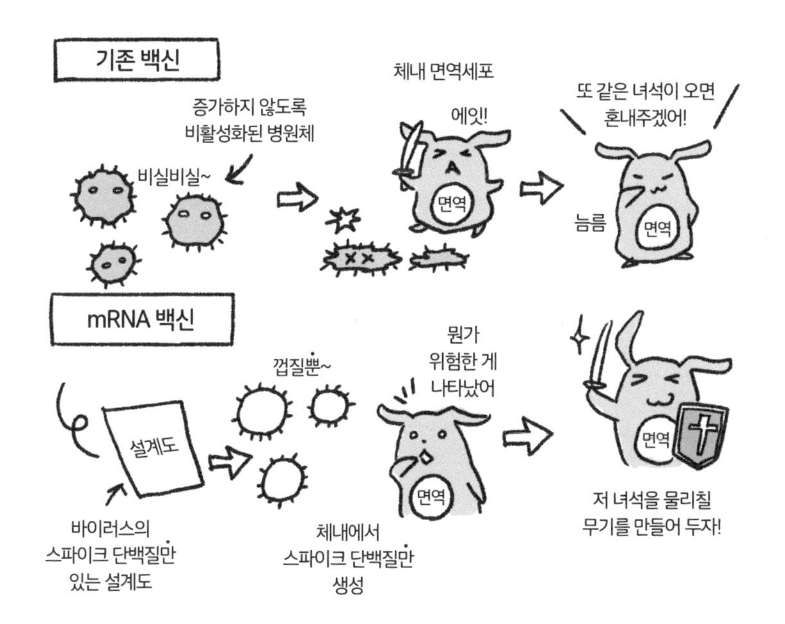

mRNA 백신의 장점은 기존 백신이 약독화(弱毒化)돼 있다고는 하나 바이러스 그 자체이거나 바이러스의 일부 등 '왠지 불쾌한' 것을 체내에 주사하는 것과는 달리 스파이크 단백질의 mRNA, 즉 특정 바이러스 단백질 '만'을 체내에 주사하는 것과 거의 동일하다는 점에서 바이러스(의 일부)를 체내에 넣는 것에 대한 거부감을 완화한다는 점, 기존 백신보다 빨리 만들 수 있다는 점, 특정 단백질만을 체내에서 만들어 면역반응의 효율을 높일 수 있다는 점입니다. 물론 장점이 있다면 단점도 있기 마련입니다. mRNA 백신은 아직 개발된 지 얼마 되지 않아 그 효과가 완전히 규명된 것은 아니기 때문이죠. 추가적인 연구가 필요한 백신인 것은 분명합니다.

mRNA 백신을 개발하기 위해서는 쉽게 분해되는 mRNA의 불안정성을 극복하는 것이 가장 중요했습니다. 이를 위한 기초 연구로서, mRNA의 뉴클레오사이드[1]인 우리딘 대신 슈도 우리딘이라는 조금 다른 뉴클레오사이드를 사용하면 쉽게 분해되지 않는다는 사실을 미국의 커털린 커리코와 드루 와이스먼이 밝혀냈습니다. 그로 인해 코로나 팬데믹 시기에 mRNA 백신 개발이 급물살을 타게 되었죠.

이로써 커리코와 와이스먼은 2023년 노벨 생리의학상을 받게 되었습니다.

---

1 뉴클레오타이드에서 인산을 뺀 나머지 부분을 '뉴클레오사이드'라고 합니다. 즉, 염기와 당을 합쳐서 그렇게 부르죠. 우리딘은 염기 '우라실'과 당 '리보스'가 결합한 것입니다.

이번 장에서 지금까지 설명한 바와 같이, 번역이란 mRNA에 있는 세 개의 염기서열, 즉 '코돈'을 기반으로 그 코돈에 대응하는 아미노산이 세포 내에 많이 존재하는 리보솜으로 운반되고, 그곳에서 염주처럼 줄줄이 연결돼 단백질이 합성되는 과정입니다. mRNA 백신은 그 원리를 그대로 이용한 백신입니다.

센트럴 도그마에 대해 알면 최신 백신의 원리를 알 수 있으니 일거양득인 셈입니다.

칼럼 02

DNA 감식 결과가 다른 사람과 일치하는 경우도 있을까?

흔히 범죄 수사나 친자 확인 등에 사용되는 'DNA 감식'이라는 것이 있습니다. 범인이 남긴 체액 따위에서 DNA를 추출해 조사하는 것인데, 도대체 DNA의 '무엇'을 조사하는 걸까요?

DNA라고 해도 다양한 역할을 하는 부분이 있고, 단백질을 부호화하는 유전자는 1.5% 정도에 불과하다는 것은 이미 2장 08절에서 설명한 대로이며, 그밖에 짧은 염기서열이 여러 번 반복해 존재하는 '반복 서열'이라는 것도 있다고 한 바 있습니다.

사실 유전자의 염기서열은 개인차가 없으므로, 유전자의 염기서열을 안다고 해도 DNA 감식은 불가능합니다. 이를 가능케 하는 것이 '반복 서열' 부분입니다. 이 서열이 '몇 번 반복되는지'가 개인마다 다르기 때문입니다!

우리 유전체 안에는 이러한 반복 서열이 존재하는 영역이 많습니다. 각각의 반복 서열만 놓고 보면 100명에 한 명꼴로 반복 횟수가 동일한 사람이 있을 수 있지만, 이를 몇 군데 조합하면, 예컨대 아홉 곳의 반복 서열의 반복 횟수를 조합하면 100의 9제곱, 즉 10경(조의 10,000배) 명에 한 명꼴로 비율이 낮아집니다. 이 정도라면 100억 명도 안 되는 지구상의 인간들 사이에서 반복 횟수가 일치하기란 거의 불가능합니다.

즉, DNA 감식 결과가 다른 사람과 같을 가능성은 거의 없다는 뜻입니다. 그러니 안심하세요(웃음).

제 3 장

생명공학이란?

01 생명을 조작할 수 있을까?

바이오라는 단어를 들으면 여러분은 무엇이 떠오르나요?

바이오라는 단어는 '생물학(biology)'의 바이오인 동시에 '바이오테크놀로지(biotechnology)'의 바이오이기도 합니다. 대다수 사람이 떠올리는 이미지는 아마도 후자일 듯합니다.

◎ DNA와 세포가 열쇠

바이오테크놀로지는 '생명공학' 혹은 '생명기술' 등으로 번역할 수 있습니다.

다시 말해, 생물을 인공적으로 조작해 새로운 생물(괴물이 아니라 품종을 개량한 것)을 만들거나, 생물의 메커니즘을 인공적으로 이용해 인류에게 유용한 기술을 개발하는 것을 그렇게 말합니다.

생물을 조작한다는 것은 생명을 조작함을 의미합니다. 물론 가능한 일이지만, 그렇다면 도대체 바이오는 무엇이 어디까지 가능한 걸까요?

생명공학의 기본이 되는 물질, 즉 생명공학에서 다루는 물질은 주로 'DNA'와 '세포'입니다. 최근에는 여기에 'RNA'가 끼어들었죠.

DNA를 다루는 일은 대개 그 DNA를 유전자의 본체로 삼는 '단백질'을 다루는 일이기도 합니다.

세포, DNA, RNA, 그리고 단백질.

전부 우리 생물에게 중요한 물질과 구조이자 그 활동의 근원이 되는 것들입니다. 이러한 **생명·생물의 근원적인 것을 인위적으로 다루는 것이 바로 생명공학**입니다.

◎ 생명 조작 = 단백질 조작

생명은 조작할 수 있을까? 대답은 "할 수 있다"입니다.

이 질문에 가장 명확한 답은 역시 DNA, 즉 유전자를 조작하는 것입니다. 유전자는 단백질의 설계도이며, 그 단백질은 우리 생물의 구조, 기능 전부의 중심이 되는 물질이므로, 생명을 조작한다는 것은 곧 유전자를 조작해 단백질을 원하는 대로 조작한다는 의미입니다.

'원하는 대로 조작'이라고 했지만 로봇을 조작하는 것과는 크게 다릅니다. 한때 유행했던 거대 로봇 애니메이션의 로봇 조작은 조작하는 사람이나 컴퓨터의 생각이 그대로 로봇의 움직임에 전달되지만, 유전자나 단백질은 **'인간이 조작하는 것은 처음뿐'**이고, 이후에는 조작된 생물이나 세포가 어떻게 움직이고 행동하는지, 즉 **조작된 생물이나 세포의 자율성에 의존하는 부분이 큽니다.**

물론 처음뿐이라고 해도 그 유전자의 작용을 숙지한 뒤에 조작하는 것이기에, 그 결과로 나타나는 생물의 움직임이나 특징은 인간이 원하는 대로 되는 경우가 많습니다.

02 생명공학은 어떤 기술일까?

'인간이 원하는 대로 생명을 조작'하는 것은 도대체 어떤 기술일까요? '생명공학'이라는 이 기술은 실제로 어떤 기술이며, 어떤 상황에서 사용되고 있을까요?

여기서 주목해야 할 것은 역시 생물 유전정보의 본체, 즉 DNA입니다. 생명공학의 핵심은 DNA를 어떻게 인공적으로 다루는가에 달려 있기 때문입니다.

◎ 생명 조작은 오래전부터 이루어졌다

예로부터 우리 인간이 생명을 '원하는 대로 조작한' 사례는 농경과 목축이라는 행위 그 자체였습니다.

이전까지 야생하던 벼나 밀과 같은 식물이 만드는 배아(또는 배젖)를 '곡물'로 이용하는 행위, 마찬가지로 이전까지 야생이었던 돼지(멧돼지)나 소와 같은 동물을 가축으로 길러 그 고기를 먹거나 원래 송아지가 마셔야 할 우유를 마시는 행위. 즉, 이러한 활동을 통해 우리 인간은 '원하는 대로 다른 생물을 조작'해 온 겁니다.

또한 우리 인간은 농경과 목축을 반복하면서 점차 우리에게 유리한 특성을 가진 작물이나 가축을 늘리는 일, 즉 **'품종 개량'**을 오랜 세월 해왔습니다.

'개량'이라는 단어에서도 알 수 있듯이, 이는 우리 인간이 자신들에게 유리하도록, 적극적이지는 않지만 결과적으로 생명을 조작해 왔음을 의미합니다.

인간을 위해 품종 개량

맛있다, 병충해에 강하다

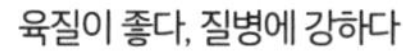

◎ 복제하기 쉬운 DNA

이러한 인간 중심의 사회에서 DNA의 존재 의의와 구조가 밝혀지고, 20세기 후반에는 DNA가 생각보다 다루기 쉬운 물질임이 밝혀졌습니다. DNA는 물질적으로도 명백히 디지털적인 염기서열로, **쉽게 복제할 수 있기 때문**입니다.

DNA를 구성하는 염기는 **아데닌(A)과 티민(T), 구아닌(G)과 시토신(C)이 각각 마주 보고 짝을 지을 수 있습니다.** 이를 **염기쌍**이라고 하죠. 반드시 A와 T, G와 C가 염기쌍을 이루므로, 이중나선인 DNA가 한 가닥으로 풀리고 거기에 새로운 뉴클레오타이드가 결합할 때 반드시 원래의 염기쌍이 재현됩니다.

이것이 DNA가 복제되는 근본적 원리이며, 생물의 복잡한 구조 속에서는 매우 간단한 원리라고 할 수 있습니다.

복제가 쉽다는 말은 그 원리만 알면 DNA는 아주 쉽게 대량으로 증식시킬 수 있다는 뜻이기도 합니다.

20세기 중반에 미국의 생화학자 아서 콘버그는 대장균 추출액에서 DNA를 합성(복제)하는 활성을 갖춘 효소를 발견했습니다. 바로 **DNA 중합효소**입니다.

이후 DNA 중합효소는 원핵생물과 진핵생물에서 여러 개 발견되면서 DNA 복제 반응을 촉매하는 것으로 밝혀졌습니다. 이 효소의 발견은 단순히 DNA 중합효소가 DNA 복제의 촉매 역할을 한다는 사실이 밝혀진 것뿐만 아니라 'DNA 중합효소를 사용해 인공적으로 DNA를 합성(복제)'하는 길도 열렸다고 할 수 있습니다.

이중나선 DNA는 복제에 앞서 한 가닥씩 분리됩니다. 그 각각의 DNA(거푸집 DNA)에 DNA 중합효소가 결합해 원래의 염기쌍이 재현되도록 새로운 뉴클레오타이드를 붙여가며 DNA를 복제하죠. 다만 두 개의 거푸집 DNA는 각각 다른 방식으로 복제되기 때문에 한쪽을 선도 가닥, 다른 한쪽을 지연 가닥이라고 구별해 부릅니다.

DNA를 대량으로 증식시킬 수 있다는 것은 생명공학에 있어 매우 중요한 일이었습니다.

DNA를 대량으로 증식시킬 수 있다는 것은 달리 말하면, **원하는**

DNA를 '눈으로 볼 수 있게 만들 수 있다'는 의미이기도 하기 때문입니다.

지금은 미시적 기술이 발달해 '분자 하나'만 조작할 수 있지만, 20세기에는 그렇지 못했습니다.

표적 분자를 대량으로 증폭시켜 눈으로 볼 수 있게 만들어야만 조작이 가능했죠(지금도 대부분은 그렇습니다).

생명공학이란 원하는 DNA(유전자)를 증폭시켜, 이를 다룰 수 있게 하는 기술이라고 할 수 있습니다.

03 DNA를 대량으로 증폭시키는 방법은?

DNA를 대량으로 증폭시킬 수 있는 전형적인 기술이 'PCR'입니다. 이 단어는 신종 코로나바이러스 팬데믹으로 단숨에 유명해졌죠. 고등학교 생물 교과서에 이미 실려있는 단어였지만, 코로나 이전에는 이 단어를 이처럼 모든 국민이 다 아는 시대가 올 줄은 꿈에도 몰랐습니다.

◎ PCR은 DNA를 증폭시킨다

PCR은 '중합효소 연쇄반응(polymerase chain reaction)'의 약자로, DNA를 복제하는 DNA 중합효소 중 특수한 성질을 가진 것을 사용해, 간단한 방법으로 2배, 4배, 8배, 16배 하는 식으로 **DNA를 기하급수적으로 증폭시킬 수 있는 기술**입니다.

이 기술을 개발한 사람은 미국의 캐리 멀리스라는 생화학자입니다. 멀리스는 DNA의 특성상 고열을 가하면 이중나선이 갈라져 단일 가닥이 된다는 점, 고열을 가해도 활성을 잃지 않는 DNA 중합효소가 있다는 점을 활용해 **온도를 올리고 내리는 과정에서 자동으로 DNA가 증폭**되는 아이디어를 떠올린 겁니다.

다만 증폭시킨다고 해서 모든 DNA를 증폭시키는 것은 아닙니다.

긴 DNA 가운데 특정 부분, 이를테면 특정 유전자인 경우가 가장 많은데, 그 부분만 특이적으로 증폭시킬 수 있죠.

쉽게 말해서, 그 특정 부분의 양 끝에 딱 맞는 '프라이머'라는 짧은 염기서열을 만들어 PCR을 진행하면, **프라이머와 결합한 특정 염기서열만 증폭시킬 수 있습니다.**

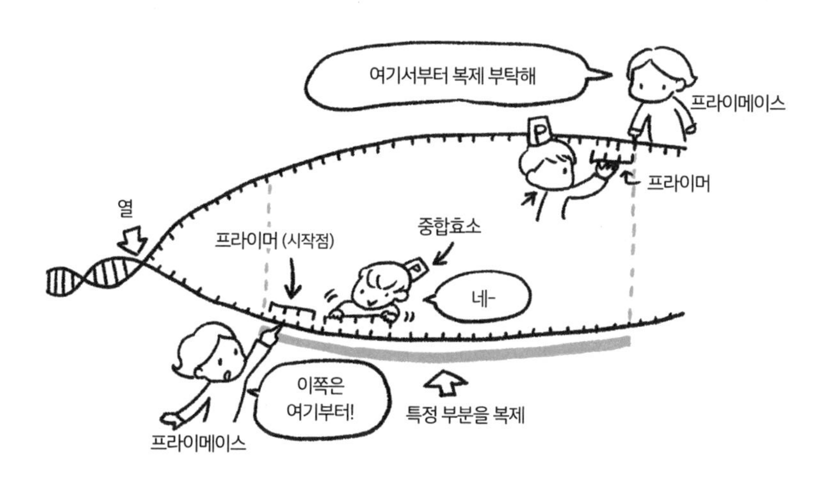

◎ 코로나바이러스를 검출하는 PCR

앞서 말했듯이, PCR을 이토록 유명하게 만든 당사자는 역시 신종 코로나바이러스입니다. 비강이나 목의 점막을 채취한 뒤 PCR을 실시해 신종 코로나바이러스의 유전자가 증폭되는지로 감염 여부를 확인하는 것이죠. 그런데 신종 코로나바이러스의 유전자는 DNA가 아닌 RNA이기 때문에 조금 특수한 PCR을 해야 합니다.

간단히 말하면, 먼저 RNA를 DNA로 변환하는 '역전사 반응'(2장 09절 참조)을 통해 코로나바이러스의 유전자 염기서열을 DNA로 재현합니다. 그런 다음 이 DNA를 거푸집 삼아 PCR을 실시해 유전자를 증폭하는 것이죠. 즉, 일반 PCR보다 한 단계가 더 많습니다.

어쨌든 인공적으로 DNA를 증폭시킨다. 이 또한 엄연한 생명공학입니다.

참고로 제 연구실에서는 고등학교 생물교육 등에 활용하고자 수동 PCR이라는 방법을 개발해 실험하고 있습니다.

연구 현장에서는 온도를 자동으로 올리고 내릴 수 있는 프로그램이 내장된 '유전자 증폭기'라는 기계로 PCR을 수행합니다. 하지만 이 기계는 가격이 비싸서 모든 학교에서 갖추기는 어렵습니다. 그래서 생활용품점에서 살 수 있는 재료를 사용해 수동으로 PCR 하는 방법을 개발했죠.

현재 고등학생인 독자라면 수동 PCR을 경험해 볼 수도 있습니다. 아니면 이미 해본 적이 있을지도 모르겠네요.

수동으로 온도를 관리하는 수동 PCR

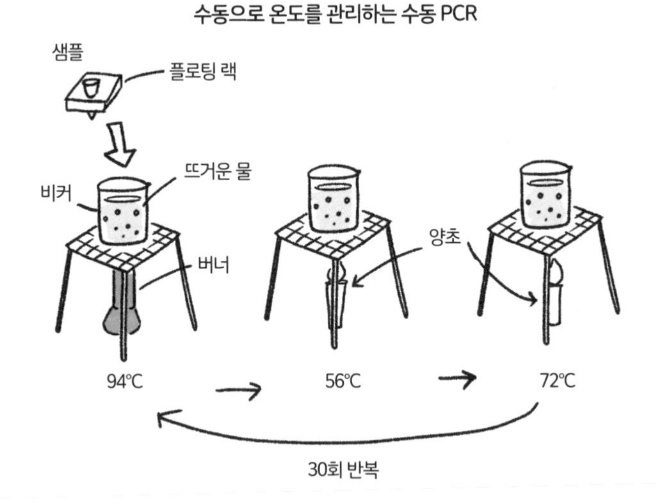

04 PCR로 무엇을 할 수 있을까?

'PCR'이라고 하면 현대인들은 대부분 '코로나'를 떠올릴 듯합니다. 'PCR? 그딴 거 이제 진절머리 난다'라고 생각하는 사람도 많을 겁니다. 하지만 PCR은 현대 생명과학에 없어서는 안 될 매우 중요한 기술입니다. 여기서는 연구 현장에서 PCR이 어떻게 활용되는지 소개하겠습니다.

◎ PCR로 보이지 않는 생물을 확인할 수 있다

PCR은 특정 유전자 등을 목표로 증폭시킬 수 있는 기술이기 때문에 그 용도는 다양합니다.

신형 코로나에서 많이 사용된 PCR은 콧속이나 침에 바이러스가 있는지 그 유전자를 증폭해 검출하기 위한 것이었지만, 그 용도는 신종 코로나에만 국한되지 않습니다. 이를테면 저는 지금 1장 09절에서 소개한 거대 바이러스를 연구하고 있는데, 이 연구 과정에서 PCR을 자주 사용합니다. 연못이나 늪, 강 등지에서 채취한 물 샘플을 거대 바이러스의 숙주인 아메바에 뿌린 뒤, 아메바가 이상해지기 시작하면 PCR을 통해 거대 바이러스의 유전자가 증폭되는지로 거대 바이러스의 유무를 확인하는 것이죠.

PCR로 유전자가 증폭되면 아가로오스(연구용 한천)를 굳힌 '겔'이라는 고형물 안에서 전기영동(電氣泳動)이라는 방법으로 길이별로 분리합니다. 그리고 DNA에 반응하는 시약으로 염색해 해당 유전자가 존재하는지(해당 길이에 염색 반응이 나타나는지) 확인하면 됩니다.

제 경우는 바이러스였지만, 바이러스뿐만 아니라 박테리아나 아키아, 눈에 보이지 않는 진핵생물이라도 **PCR을 통해 해당 생물의 유전자가 증폭되는지로 그 존재 여부를 확인할 수 있습니다.**

◎ 염기서열 결정도 가능하다

한편 PCR은 단순히 유전자를 증폭해 특정 생물이나 바이러스의 유무를 확인하는 것뿐만 아니라 특정 **유전자의 염기서열을 결정하기 위해서도 사용됩니다.** 염기서열을 결정(시퀀싱)하기 위해서는 해당 유전자가 어느 정도 대량으로 있어야 하기 때문이죠.

보통 세포 안에는 특정 유전자가 한두 개밖에 없는 경우가 많아서 그것만으로는 염기서열을 알 수 없습니다. 시퀀싱은 먼저 PCR을 통해 해당 유전자를 대량으로 증폭시킨 뒤 증폭된 유전자만 추출(단리(單離)라고 합니다)한 다음, 특정 표지를 특수한 방법으로 염기에 붙이고, 그 표지의 배열 순서를 분석해 염기서열을 결정합니다.

결국 PCR은 극소수의 유전자를 눈에 보이는 수준으로(염색 시약으로 DNA가 있다는 것을 확인할 수 있을 만큼) 증폭시키기 위한 것입니다. 그렇게 시각화된 유전자는 겔에서 잘라내 어느 정도 자유롭게 다룰 수 있죠.

그리고 PCR의 혜택을 받은 것 가운데 가장 먼저 연구되고 발전한 것이 바로 생명공학의 핵심이라 할 수 있는 **유전자 재조합** 기술입니다.

05 유전자는 자르거나 붙이면 재조합할 수 있다!?

바이오 하면 '유전자 재조합'.

요즘 젊은 세대들은 크게 신경 쓰지 않을지 모르지만, 어느 정도 나이가 있는 사람들에게는 바이오=유전자조작이라는 이미지가 굳어진 듯합니다.

그리고 그중에서도 특히 유명한 것이 '유전자 변형 식품', '유전자 변형 작물'과 같은 단어입니다.

◎ 유전자 재조합 기술이 가능해지기까지

실제로 유전자 재조합 기술은 생명공학 중에서도 가장 초기부터 발전해 온 기술로, 20세기 중반, 즉 02절에서도 소개한 미국의 아서 콘버그가 DNA를 복제하는 효소 'DNA 중합효소'를 발견한 시기까지 거슬러 올라갈 수 있습니다.

대장균에서 DNA 중합효소를 발견한 콘버그는 이를 이용해 시험관 내에서 DNA를 합성할 수 있다는 사실을 발견했고, 1959년 노벨 생리의학상을 받았습니다.

다음으로 DNA를 인공적으로 자르고 붙이는 도구가 발견됩니다.

대장균과 같은 박테리아가 보유한 **제한효소**는 박테리아에 감염하는 박테리오파지의 DNA를 절단하기 위한, 즉 자기방어를 위한 효소입니다. 이 효소는 1960년대 후반, 스위스의 베르너 아르버, 미국의 해밀턴 스미스가 발견했죠.

이 효소는 특정 염기서열의 일부를 절단하는 효소인데, 대개는 **회문 구조로 된 부분(예컨대 TTGCAA라는 염기서열의 상보적인 염기서열 역시 TTGCAA가 됨)을 마치 접착 부분을 만들 듯이 계단모양으로 절단합니다.** 이것 참 편리하죠? 이런 형태로 잘린 부분(접착성 말단)을 남겨두면, 서로 다른 DNA라도 절단면이 일치하면 나중에 딱 붙일 수 있기 때문입니다.

이 효소를 최초로 발견한 아르버와 해밀턴은 1978년 노벨 생리의학상을 받았습니다.

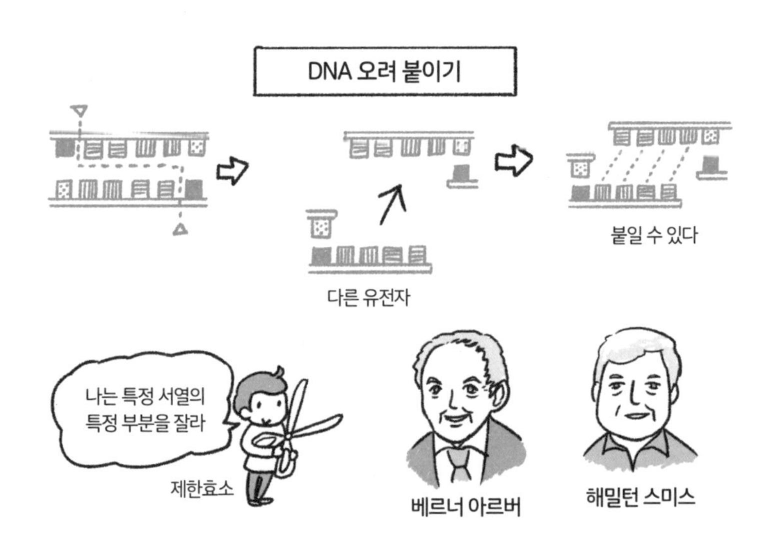

그 후 제한효소에는 다양한 종류가 있으며, 각각 특정 염기서열을 절단한다는 사실이 밝혀졌습니다. 따라서 염기서열에 따라 어떤 제한효소를 사용해야 하는지 밝혀졌고, 어떤 의미에서는 자유자재로 DNA를 자르고 붙일 수 있게 되었습니다.[1]

그리고 1980년대에 이르러 미국의 캐리 멀리스가 PCR을 개발했습니다.

이로써 자신이 원하는 유전자를 증폭할 때 프라이머에 제한효소로 절단할 수 있는 염기서열을 붙여두면, 끝부분에 이 접착성 말단이 붙은 유전자를 증폭할 수 있게 되었습니다. 그리고 PCR로 증폭시

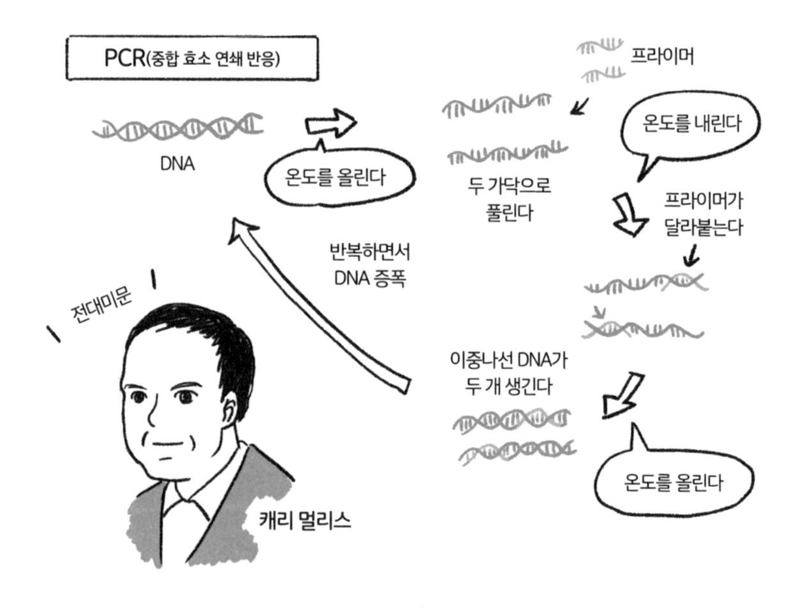

1 제한효소 중에는 절단면을 만들지 않고 일직선으로 절단하는 효소도 있습니다.

킨 유전자와 많은 제한효소 부위를 인공적으로 삽입한 '벡터[2]'를 붙일 수 있게 되었죠.

이렇게 해서 서로 다른 생물의 DNA를 인공적으로 연결해 자연계에 없는 DNA를 만들어 내는 '유전자 재조합'이 전 세계적으로 활발히 이루어지게 되었습니다.

2 세포에 유전자를 전달하기 위한 '매개체'. 고리 모양의 DNA(플라스미드)로 이루어져 있습니다. 다음 절 참조.

06 유전자를 세포 안에 집어넣을 수 있을까?

유전자 재조합 기술이 서로 다른 종의 생물 유전자를 재조합하는 것, 이를테면 대장균의 플라스미드 기반 벡터에 사람의 유전자를 집어넣을 수 있다는 것은 곧 그 사람의 유전자를 대장균의 세포 내에서 발현시킨 뒤 그 안에서 단백질을 만들게 할 수 있다는 뜻입니다. 말하자면, 인공적으로 세포 안에 유전자를 삽입하는 것이죠.

◎ 인간 세포에 넣어도 단백질은 만들 수 있다

대장균에서 가능하다면, 인간 세포에서도 비슷한 일이 가능할까요? 다시 말해, 특정 유전자를 인간 세포 안에 집어넣은 다음 그 유전자를 인공적으로 발현시킬 수 있을까요?

앞장 마지막에 언급한 mRNA 백신은 DNA를 넣는 것이 아니므로 여기에 해당하지 않습니다. 여기서 하고 싶은 말은, 유전자 본체인 DNA를 인간 세포 안에 넣고 인공적으로 발현시켜 단백질을 만들 수 있느냐입니다.

한 마디로 대답하면, 가능합니다! 하지만 그리 쉬운 일은 아닙니다.

지금 현실적으로 이루어지는 실험은 살아있는 우리 인간 세포가 아닌 배양된 인간 세포에 외래 유전자를 집어넣는 것입니다. 이를테면 이런 실험이 있습니다.

어떤 유전자가 만드는 단백질 A가 인간 세포의 어디에 존재하는지(단백질은 작용하기 위해 특정 장소에 있으므로) 쉽게 확인하기 위해, 그 단백질 A를 부호화하는 유전자에 녹색 형광을 띠는 단백질 'GFP(녹색 형광 단백질)'의 유전자를 인공적으로 융합시키고(이때 각각의 유전자를 PCR로 증폭시킴), 이를 **벡터**의 서열에 삽입해 지질 막으로 감싸서 배양한 인간 세포에 첨가합니다.

그러면 그 지질 막과 세포막이 융합해 벡터 안의 유전자가 세포 안으로 들어갑니다. 그리고 그 유전자가 세포 안에서 단백질 A를 만들면 GFP 단백질이 결합한 상태이므로 녹색으로 빛나죠.

이를 형광 현미경이라는 특수 광학 현미경으로 관찰하면, 단백질

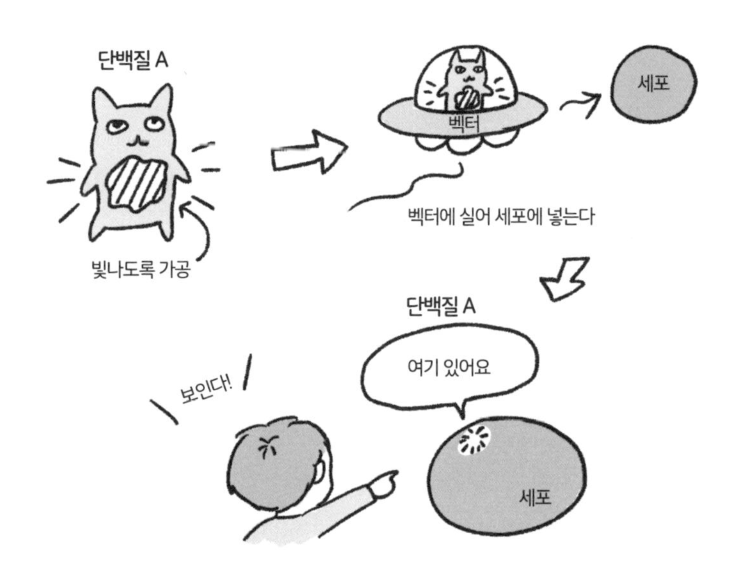

이 세포 어디에 존재하는지가 손에 잡힐 듯이 분명해집니다.

◎ 다른 생물로도 가능하다

이는 비단 인간 세포에만 해당하는 이야기가 아닙니다.

이를테면 제 연구실에서는 거대 바이러스의 숙주가 가시아메바라는 단세포 생물이므로, 아메바에 바이러스의 유전자를 넣고 이후의 행동을 관찰하는 일을 합니다. 아메바 세포에 유전자를 넣는 방법은 위에서 설명한 방법과 거의 같습니다.

이처럼 지질 막에 유전자를 넣고 그 막을 세포막에 융합시켜 유전자를 세포 안에 넣는 예도 있으나 대장균 같은 경우, 미리 세포벽을 약간 부숴서 구멍을 만든 다음[수용 세포(Competent cell)라고 합니다], 거기에 유전자를 첨가해서 전기충격이나 온도충격을 가해 유전자를 세포 내에 집어넣는 방법도 있습니다.

이처럼 **특정 유전자를 생물의 세포 안에 넣는 것을 '유전자 도입'**이라고 합니다.

인간 세포든 곤충 세포든, 박테리아든 아메바든, 최근에는 다양한 배양 세포에 유전자를 도입하는 방법이 개발되고 있습니다. 그렇게 해서 세포의 성질을 변형시키거나 그 유전자가 만드는 단백질의 작용을 연구하기도 하므로 '세포에 유전자를 도입'하는 것은 생명공학에 반드시 필요한 기술입니다.

07 장기를 잃어도 되찾을 수 있을까?

이는 사람뿐만 아니라 대다수 척추동물도 마찬가지인데, 교통사고 등으로 팔다리를 잃으면 두 번 다시 재생되지 않습니다. 간을 제외한 위나 장 같은 장기 역시 암이 생겨 수술로 절제하면 두 번 다시 재생되지 않죠.

그런데 이러한 장기 재생에 희망을 주는 세포가 유전자의 세포 도입을 통해 만들어지고 있습니다.

◎ 어떤 세포로도 변하는 만능 세포

우리 몸의 세포(체세포)는 생식세포와 달리 한 번 어떤 역할을 맡으면 다시는 다른 역할을 하는 세포로 변할 수 없습니다. 예컨대 신경세포는 근육세포가 될 수 없으며, 소장 상피세포는 림프구가 될 수 없죠.

그런데 만일 이러한 체세포가 '다른 역할을 하는 세포가 될 수 있다면' 어떨까요?

교토대학교 야마나카 신야 교수가 개발한 것으로 알려진 iPS 세포. 정식명칭은 '유도 만능 줄기세포'라고 합니다. 야마나카 교수는 이 연구로 2012년 노벨 생리의학상을 받았습니다.

이 세포는 우리 몸을 구성하는 체세포로 만들며 어떤 세포로도, 즉 '다른 역할을 가진 세포'로 변화시킬 수 있도록 만들어졌습니다. 다시 말해 **'어떤 세포로도 변화시킬 수 있다'**는 뜻이며, 이것이 '만능 세포'로 불리는 이유입니다.

야마나카 교수는 먼저 성인 여성의 얼굴 피부에 존재하는 '섬유아세포'라는, 콜라젠을 만드는 세포를 채취해 배양한 후 iPS 세포를 만들었습니다. 이 세포를 특정 배양 조건에 노출하자 심근세포, 연골세포, 상피세포 등 다양한 세포로 변화했죠.

◎ 세포를 회귀시킨다?

섬유아세포로 iPS 세포를 만들 때 사용한 방법이 앞서 소개한 '유전자 도입'입니다.

그동안 다른 만능 세포인 'ES 세포(배아 줄기세포)'의 연구로 함양된 지식을 통해 몇몇 유전자가 세포의 만능화에 관여한다는 사실이 밝혀졌습니다. 야마나카 교수 연구실에서는 그 가운데 네 가지 유전자를 동시에 섬유아세포에 도입하면 iPS 세포가 생성된다는 것을 알아냈죠.

그 유전자에는 만능화를 유지하는 유전자, 세포 증폭을 촉진하는 유전자 등이 포함돼 있었습니다.

iPS 세포는 이전의 역할을 '포기'한 세포라고도 할 수 있습니다. 이전의 역할을 포기한 세포는 이른바 '회귀'한 세포이자 다시 활발하게 증식할 수 있는 세포가 된다는 의미이기도 합니다. 따라서 이런 유전자를 도입하면 iPS 세포가 생성된다는 것은 일리가 있습니다.

이것이 의미하는 바는 매우 단순합니다. 만일 어떤 조직이나 장기가 손실되면, **아직 손실되지 않은 다른 조직이나 장기의 세포를 배양해 iPS 세포를 만들고, 이를 통해 손실된 조직이나 장기를 재생할 수 있다는** 뜻이죠. 더욱이 iPS 세포는 환자 자신의 체세포로 만들 수 있기 때문에 다른 사람의 조직이나 장기를 이식할 때 발생하는 '거부반응'이 일어나지 않습니다. 원래 자기 몸의 일부이기 때문입니다.

하지만 "말하기는 쉬우나 행하기는 어렵다"라는 말처럼 iPS 세포에

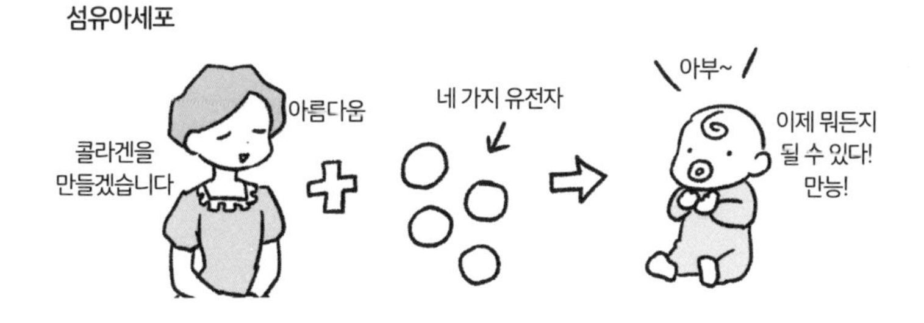

서 장기를 통째로 재생하기는 상당히 어려운 일입니다. 배양된 세포나 조직과 같이 2차원적인 것들은 비교적 다루기 쉽지만, 3차원적인 장기라면 복잡한 조직을 조합해 내야 한다는 점에서 그 실현까지는 상당한 장벽이 있을 듯합니다.

iPS 세포가 재생의료의 열쇠임은 틀림없지만, 그 길은 멀고 험난할 것으로 보입니다.

08 유전체 편집은 유전자 재조합보다 효율적?

생명공학은 나날이 발전하고 있습니다. 전 세계 어딘가에서 매일 새로운 기술 아이디어가 탄생하고, 이를 위한 기초 연구가 시작되며, 이를 실제로 이용한 연구가 진행되고 있다 해도 과언이 아닙니다.

유전자를 인위적으로 조작한다는 것은 기술이 진보함에 따라 세계적으로 영향력이 막대한, 시대의 전환점이 될 만한 것이 탄생하는 분야이기도 합니다.

◎ 유전자 재조합은 블랙박스

05절에서도 말했듯이, 유전자 재조합은 특정 생물의 유전체(DNA)에 다른 생물이 가진 유전자(외래 유전자)의 염기서열 등을 삽입해 자연계에 존재하지 않는 DNA(유전자)를 만드는 것입니다.

유전자 재조합 작물의 제작법에서는 사실 외래 유전자가 유전체 어디에 삽입되는지 모를 때가 많습니다. 말하자면 '적당히' 삽입되는 것인데, 생육에 지장이 없다면 정상적으로 성장해 외래 유전자를 가진 작물이 완성되죠.

유전자 재조합 대장균처럼 외래 유전자가 어디에 들어있는지 미리 알 수 있는 경우도 있지만(플라스미드라는 고리 모양의 짧은 DNA를 사용

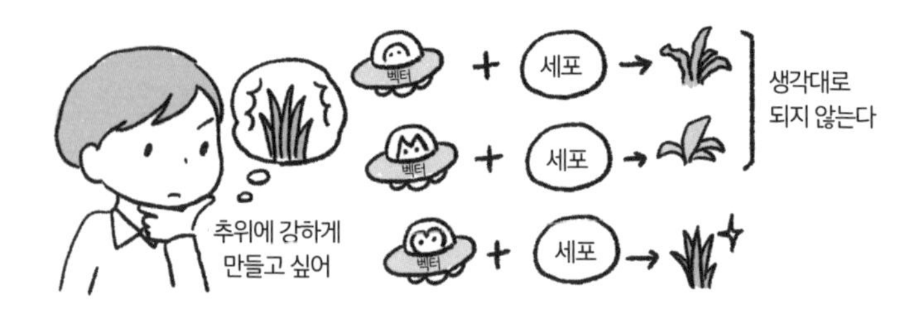

하기 때문에), **유전자 재조합에서는 대부분 외래 유전자가 어디에 삽입됐는지 알 수 없는 경우가 많습니다.**

유전자 재조합은 '블랙박스'와 같은 측면이 있는 셈입니다.

◎ 장소도 정할 수 있는 유전체 편집

그런데 최근 **'유전체 편집'**이라는 기술이 이 '유전자 재조합'을 대체하려 하고 있습니다.

유전체 편집은 유전자 재조합과는 달리 **'어디에 외래 유전자를 넣을지'를 설계할 수 있습니다.**

유전체 편집은 원래 세균이 보유한 'CRISPR(크리스퍼)'라는, 짧은 반복 서열을 포함하는 특정 염기서열의 존재가 밝혀진 것에서 시작되었습니다.

이 염기서열은 규슈대학교의 이시노 요시즈미 박사가 발견한 것으로, 처음에는 그 중요성이 잘 알려지지 않았습니다. 나중에 이 크리스퍼 영역 근처에 뉴클레아제, 즉 DNA 분해 능력을 갖춘 효소를 부호화하는 유전자가 존재하며, 짧은 반복 서열 사이에는 '스페이서'라는, 세균에 감염하는 바이러스 '박테리오파지'에서 유래한 염기서열이 존재한다는 사실이 밝혀졌습니다.

그리고 무엇보다 중요한 것은 이 '스페이서'는 박테리아가 박테리오파지로부터 '훔쳐 온' 염기서열이며, 박테리오파지에 감염되면 이 스페이서에서 RNA를 전사해 박테리오파지의 DNA에 상보적으로 결합하고, 나아가 크리스퍼 근처에 있는 뉴클레아제 유전자를 발현시켜 박테리오파지의 DNA를 절단하는, 이른바 '생체 방어 반응'을 담당한다는 사실을 알게 됐다는 점입니다.

세균에는 **크리스퍼 서열에 삽입된 염기서열을 특이적으로 인식해 절단할 수 있는 능력이 있습니다**. 이 발견은 이후 특정 염기서열을 절단할 수 있는 '유전체 편집'으로 발전합니다.

다시 말해, 이 뉴클레아제를 사용해 특정 염기서열을 자르면 세포가 그 부분을 복구하면서 다시 이어지기 때문에, 단순히 절단하는

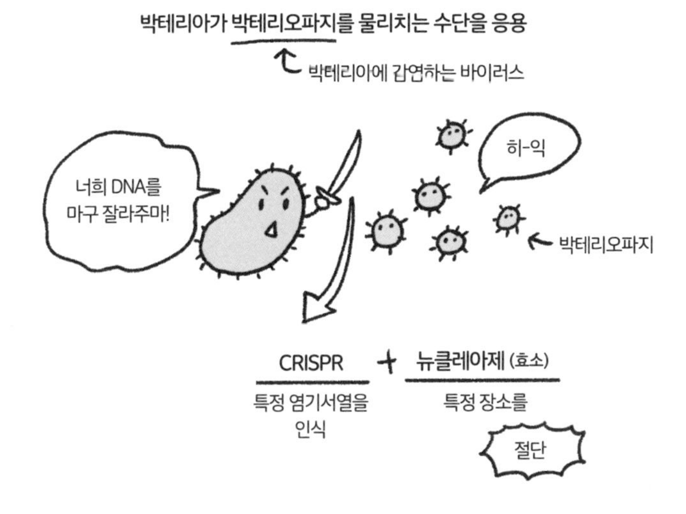

것뿐만 아니라 '연결'도 가능해집니다. 유전자 재조합 기술보다 염기서열 특이성이 훨씬 높으므로, 더 효율적으로 유전자를 조작해 원하는 곳에 외래 유전자를 삽입할 수 있죠.

프랑스의 에마뉘엘 샤르팡티에와 미국의 제니퍼 다우드나는 이 메커니즘을 활용해 **크리스퍼 카스 9(Crisp-Cas9)** 시스템이라는 효과적인 유전체 편집 기술을 개발했고, 2020년 노벨 화학상을 받았습니다.

09 항체도 생명공학으로 만들 수 있을까?

지금까지 코로나 팬데믹으로 일반적으로 널리 알려진 용어가 'PCR'이라는 이야기를 여러 번 했는데, '중화항체' 또는 '항체'라는 용어도 심심찮게 들렸을 겁니다.

항체는 병의 원인이 되는 상대의 힘을 없애는, 즉 상대에 대항해 중화시키는 것이므로 결국 이 두 용어의 의미는 같습니다. 그렇다면 항체를 만드는 것 역시 생명공학일까요?

◎ 항체도 생명공학으로 만들 수 있다

항체는 면역학 용어로, 우리 면역체계의 일원인 'B 세포'라는 림프구가 '항체 생성 세포'가 돼서 생산하는 단백질을 가리키며, 이 단백질의 정식명칭은 **면역글로불린**이라고 합니다.

'항체'라고 하는 이유는 이 단백질이 병원체 일부에 결합하여 병원

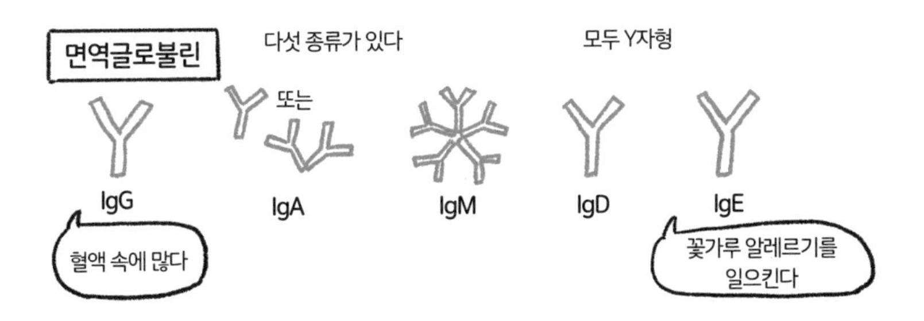

체에 '대항'하는 역할을 하기 때문입니다. 말하자면, 병원체에 맞서 우리의 B 세포가 만들어 내는 미사일이자 탄환, 그리고 투망이 바로 항체라는 단백질입니다.

항체는 우리 몸이 자연적으로 만들어 내는 단백질이므로 '생명공학'이라고 하면 고개를 갸웃거릴지도 모르겠습니다. 하지만 이 항체를 우리 인간은 '의약품'이나 연구용 시약으로 사용하기도 합니다. 이때 생물의 몸에서 항체를 찔끔찔끔 추출하는 것은 상당히 비효율적입니다. 그래서 우리 인간은 생명공학을 활용해 항체를 인공적으로 만들어 냅니다.

◎ 항체를 만드는 B 세포×암세포=반영구적 항체 생산?

항체도 단백질이므로 그 설계도인 유전자가 있습니다. 그 유전자에서 대량으로 항체를 만드는 B 세포를 추출해, 이를 반영구적으로 분열 증식하는 **골수종**(myeloma)이라는 암세포와 융합시켜 반영구적으로 분열하게 하면, 이 B 세포(정확히는 '하이브리도마'라고 합니다)는 **반영구적으로 항체를 계속 만들어 내면서 분열 증식을 반복**하게 됩니다.

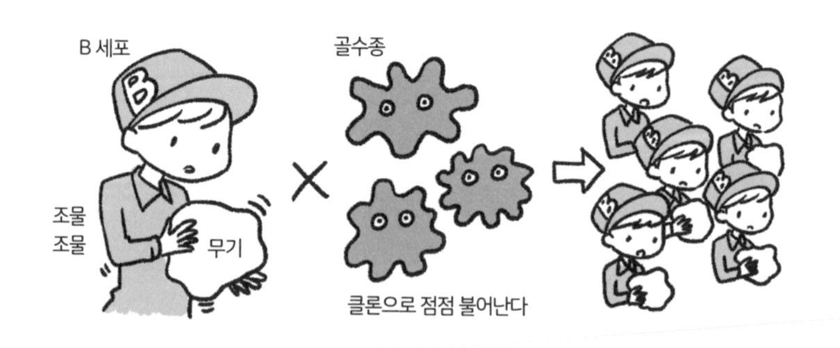

말하자면 이는 항체를 반영구적으로 계속 추출할 수 있음을 의미하며, 생물의 혈액에서 항체를 일일이 만들지 않아도 더 많은 항체를 얻을 수 있습니다.

이러한 항체를 **단클론 항체**라고 합니다. 하나의 B 세포에서 유래한 항체는 모두 같은 것, 즉 클론(단클론=모노클론)이기 때문이죠. 단클론 항체는 모든 항체가 동일한 표적에 결합하기 때문에 매우 효과적으로 상대를 무력화하는데, 단클론 항체의 장점은 이뿐만이 아닙니다.

이 항체에 형광염료 등을 표지해 두면 특정 표적에만 결합하므로, 예컨대 어떤 세포 안에서 그 표적 단백질이 어떻게 움직이는지, 어디에 존재하는지 등을 이 항체와의 결합을 통해 밝혀낼 수 있습니다. 이를 **면역염색(면역조직염색)**이라고 하며, 세포생물학 분야에서는 전 세계적으로 사용되는 연구 기법입니다.

이러한 공로로 단클론 항체 작성법을 개발한 독일의 게오르게스 J. F. 쾰러와 영국의 세사르 밀스테인은 1984년 노벨 생리의학상을 받았습니다.

게오르게스 J. F. 쾰러　　세사르 밀스테인

10 동물실험도 생명공학일까?

생명과학 분야에서도 특히 의학 관련 연구를 할 때는 여러 단계가 있습니다. 세포나 유전자를 시험관이나 튜브 등으로 채취해 실험한 후 인간에게 적용하기 전에 반드시 실험을 위해 다른 생물을 사용하죠.

실험에 사용되는 생물은 쥐나 생쥐, 토끼, 개 등의 포유류부터 초파리 같은 곤충, 애기장대 같은 식물에 이르기까지 다양합니다.

◎ 동물실험도 생명공학

생명과학 실험이라고 하면 '동물실험'을 떠올리는 사람이 많을 듯합니다.

현재 제가 연구하는 '거대 바이러스'는 동물에게 감염하지 않아서 요즘은 동물실험을 전혀 하지 않지만, 대학원생과 조교 시절에는 암 억제 유전자를 연구하느라 가끔 동물실험도 했습니다.

그런데 언제부터인가 실험용 생쥐에 알레르기 반응이 생겨 연구용 장갑을 껴도 쥐를 만지면 손이 빨갛게 부어오르면서 가려움증이 심해졌고, 결국 동물실험을 하지 않아도 되는 연구로 전환했습니다.

자, 동물실험에는 여러 가지가 있습니다.

식품영양학적 관점에서 실험동물에 이 먹이를 주면 어떻게 된다거나 약품 연구를 위해 동물에게 투여 실험을 하는 것이 먼저 떠오를 겁니다.

항체를 만들 때도 생쥐나 토끼에게 항원을 투여해 항체를 만들게 하므로 이 또한 동물실험이라고 할 수 있습니다. 즉, 동물실험 역시 생명공학입니다.

◎ 유전자조작 생쥐로 연구하다

가장 '생명공학적인 느낌'이 강한 동물실험이라면, 특정 유전자의 기능을 연구할 목적으로 생쥐의 수정란을 인위적으로 조작해 전신 세포에 해당 유전자가 과잉 발현되도록 한 **형질전환 마우스**나 특정 유전자를 제거한 **녹아웃 마우스**를 만드는 실험을 들 수 있습니다.

전자는 생쥐 수정란의 핵 속에 목표로 하는 외래 유전자를 직접 주입한 뒤, 그 수정란을 생쥐 나팔관에 이식해 자궁에 성공적으로 착상하면 그곳에서 키워서 만듭니다.

한편 후자는 만드는 방법이 조금 복잡합니다. 특정 유전자를 기능이 없는 염기서열로 절단해 그 기능을 상실하도록 유전자 재조합을 한 뒤 이를 생쥐 배반포의 속세포덩이[1]에서 채취한 세포에 도입합니다.

1 수정란에서 여러 번 분열이 일어나면 여러 개의 (꽤 많은) 세포가 되는데, 마침내 세포로 이루어진 풍선 안에 장차 배아가 될 세포 덩어리가 있는 상태가 됩니다. 이 상태를 '배반포(胚盤胞)'라고 하며, 이때의 내부 세포 덩어리를 '속세포덩이'라고 합니다.

거기서 키운(키울 수 있다면) 생쥐는 기본 헤테로(부모에게 받은 두 개의 유전자 중 하나만 녹아웃, 즉 제거된 상태)가 됩니다. 이를 정상적인 생쥐와 교배시켜 새끼 낳기를 반복하면 마침내 호모(두 유전자가 모두 녹아웃된 것) 개체가 내어나죠(태어난다면). 이것이 바로 녹아웃 마우스입니다.

아까부터 (~한다면) 이라고 하는 이유는, 녹아웃 마우스는 그 유전자의 기능이 생존에 필수적인 경우, 그 유전자가 녹아웃되면 아예 자라지 않기 때문입니다.

녹아웃 마우스는 특정 유전자가 생존에 필수적인지 확인할 때, 만약 생존에 필수적이지 않다면 어떤 작용을 하는지 알아낼 때 매우 유용합니다.

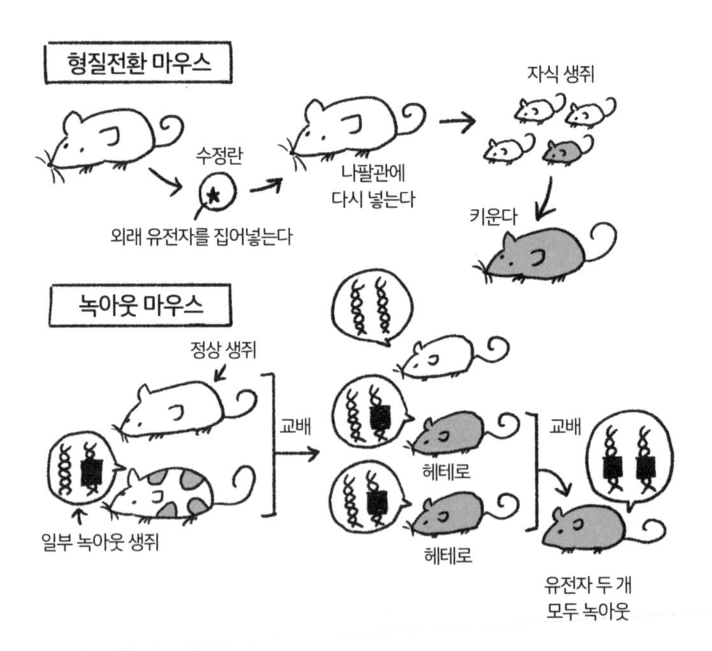

이번 3장에서는 주요 생명공학에 관해 설명했는데, 물론 생명과학은 이제 매우 다양해져서 전 세계 수많은 연구자가 다양한 연구 방법을 개발하며 매일 연구를 진행하고 있기에 이 외에도 여러 기술과 연구 방법이 존재합니다.

독자 여러분 가운데 이러한 기술에 흥미를 느껴 이 분야에서 연구하고 싶다는 사람이 조금이라도 나온다면 저자로서 더없이 큰 보람일 듯합니다.

칼럼 03

콩고기와 소고기의 차이는 줄어들까?

단백질 음료 같은 것을 즐겨 마시며 근력 운동을 하는 사람은 단백질의 '질'을 중요하게 생각합니다. 물론 단백질의 질(아미노산스코어)은 근력 운동을 하는 사람뿐만 아니라 영양학적으로 모든 사람에게 중요합니다.

아미노산스코어는 단백질을 구성하는 스무 가지 아미노산이 그 식품에 얼마나 균형 있게 그리고 많이 함유돼 있는지를 나타내는 지표입니다.

특히 체내에서 합성할 수 없어 외부에서 섭취해야 하는 '필수 아미노산'의 균형과 양이 아미노산스코어에 큰 영향을 미치죠.

아미노산스코어는 인체를 구성하는 이상적인 아미노산의 균형과 양을 '100'으로 설정하고, 이와 비교해 각 식품의 수치를 나타낸 것입니다. 양질의 단백질인 소고기, 돼지고기, 닭고기, 우유, 달걀, 전갱이, 고등어 등 말하자면 우리와 같은 척추동물의 고기와 알은 대개 아미노산스코어가 '100'으로 인체와 다르지 않습니다.

그런데 식물성 식품에 함유된 식물성 단백질은 우리 동물과는 아미노산 조성이 다소 달라서 아미노산스코어가 낮습니다. 이를테면 토란은 84, 백미는 65, 감자는 68 그리고 토마토는 48로 모두 100을 밑돕니다.

그런데 식물성 식품 중 거의 유일하게 동물성 고기와 동일한 아미노산스코어를 가진 식품이 있습니다.

바로 '밭에서 나는 고기'라고도 하는 '콩'입니다. 놀랍게도 콩의 아미노산스코어는 식물성 식품 중 가장 높으며, 쇠고기나 달걀과 같은 '100'입니다.

최근에는 콩으로 만들었지만 고기와 비슷한 식감을 낸 콩고기라는 식품이 있는

데, 아미노산스코어로 따지면 소고기나 닭고기 등과 동등한 양질의 단백질이므로 일반 육류와 거의 차이가 없다고 봐도 무방합니다.

하지만 영양은 아미노산스코어가 전부는 아닙니다.

단백질뿐만 아니라 탄수화물과 지방 그리고 미량의 영양 성분의 존재도 필수적이죠. 콩과 고기는 애초에 서로 다른 생물이므로(식물과 동물이므로) 차이점도 많을 테니, 그 점을 고려하며 음식을 즐기는 것이 중요합니다.

제 4 장

바이러스는 무엇일까?

01 길거리를 다니면 천만 개가 넘는 바이러스와 부딪힌다?

이번 장에서는 앞 장에서도 잠깐 등장한 '바이러스'에 대해 알아보겠습니다. 세포와 유전자에 관한 책에서 왜 바이러스에 대해 배워야 하느냐는 의문이 들 수도 있지만, 사실 바이러스는 우리의 세포나 유전자와 매우 밀접한 관련이 있는 중요한 존재입니다.

◎ 바이러스는 연중무휴!

지난 몇 년간의 코로나 팬데믹으로 여러분들 마음속에는 바이러스에 대한 공포감 내지는 악감정이 생겼을 듯합니다. 하지만 바이러스는 눈에 보이지 않기 때문에 일상생활을 하면서 '앗, 여기에 바이러스가 있어!'라고 생각할 일은 없습니다. 도대체 바이러스는 평소 어디에 있는 걸까요?

해마다 겨울이 되면 독감이 유행하는데, 독감 바이러스는 겨울에만 존재하는 것은 아닙니다. **사계절 내내 어딘가에 반드시 존재하죠.** 건조한 겨울철에 감염이 쉽게 확산하기 때문에 겨울에만 나타나는 것처럼 보일 뿐입니다. 코로나바이러스도 마찬가지입니다. 신형 코로나바이러스는 계절과는 무관하게 전 세계로 퍼져나갔습니다.

◎ 인간에게 질병을 일으키지 않는 바이러스가 무수히 떠돌고 있다

바이러스는 인간에게 질병을 일으키는, 우리가 잘 알고 있는 바이러스 외에도 종류가 많습니다.

전 세계 어떤 생물도 반드시 그 생물에 감염하는 바이러스가 존재한다고 생각될 만큼 생물이 있는 곳에는 반드시 바이러스가 존재합니다.

즉, 공기 중에도 많고 바다나 강물에도 많습니다. 사물의 표면에도 수많은 바이러스가 묻어 있죠. 하지만 여러분이 바닷물을 마시든 강물을 마시든 그리고 매시간, 매분, 매초 공기를 들이마신다고 해서 바이러스에 감염될 가능성은 거의 없습니다.

대부분의 바이러스는 **우리 인간이 아닌 다른 생물에 감염하는 바이러스이기 때문입니다.**

우리 주변에는 박테리아, 아메바, 곤충 같은 작은 생물들이 득실거리기 때문에 그런 생물들 주변에는 감염하는 바이러스도 득실거립니다.

일설에 따르면, 우리가 바닷물 한 잔을 마시면 수십억 개의 바이러스를 마시게 되고, 우리가 집 밖을 몇 걸음만 걸어도 수천만 개의 바이러스와 부딪힌다고 합니다.

바이러스는 우리 몸 어기저기에 붙어있습니다. 덧붙이자면, 감기 같은 바이러스 감염병에 걸리지 않은 아주 건강한 상태라 해도 사실 우리 몸속에는 무수히 많은 바이러스가 서식한다는 것이 최근에 밝

혀졌습니다. 그 바이러스들은 그저 몸 안에 있을 뿐이거나 몸에 어떤 도움을 줄 수도 있지만, 적어도 그로 인해 병에 걸릴 일은 없습니다.

어쨌든 바이러스는 어느 날 갑자기 나타나 우리에게 감염해 질병을 일으키는 것이 아니라, 늘 우리 주변에 무수히 존재합니다.

02 유전자만으로 이루어진 바이러스가 있다?

바이러스와 세균(박테리아)을 혼동하는 사람이 많은데, 이 둘은 전혀 다릅니다. 둘의 공통점은 '현미경을 사용해야 볼 수 있다'는 점과 '보이지 않지만 어디에나 있다'는 점뿐입니다. 그 외에는 구조부터 살아가는 방식까지 완전히 다릅니다.

◎ 바이러스는 물질에 가깝다?

1장 09절에서 바이러스에 대해 살짝 언급하면서 "바이러스는 생물이라기보다는 물질에 가까우며", "스스로 증식하지 못해서 생물의 세포 안으로 침투해야만 증식할 수 있다"라고 이야기한 바 있습니다.

바이러스는 세포와 다르다. 달리 말하면, 바이러스는 생물이 아니라는 뜻입니다. 모든 생물은 세포로 이루어져 있으므로 세포와는 다른, 즉 세포로 이루어져 있지 않은 바이러스는 생물이 아닙니다. 적어도 현대 생물학자들은 그렇게 생각합니다.

자, 바이러스가 세포로 이루어져 있지 않다면 도대체 어떤 구조일까요?

◎ 바이러스가 세포에 감염하는 이유는 단백질을 만들기 위해서!?

가장 단순한 바이러스는 유전자로만 이루어져 있다는 충격적인 이야기부터 시작하겠습니다. 더구나 그것은 DNA가 아니라 RNA입니다. 세포 안에는 그 세포의 유전체나 세포의 RNA와는 별개로, 자율적으로 복제하는 RNA(와 거기에 달라붙은 RNA 복제 효소)가 있으며, 세포가 분열해 세대가 바뀌면 바이러스 자체도 다음 세대로 전달됩니다.

하지만 대부분의 바이러스는 유전자 외에 **'캡시드'**라는 **단백질 껍질**이 있어서, 이 튼튼한 '갑옷'으로 유전자를 감싸면 그 유전자가 DNA든 RNA든 세포 밖으로 튀어나올 수 있습니다. 사실 이 형태가 바이러스의 가장 기본적인 형태이며, 캡시드가 없는 바이러스는 예외적인 경우죠.

또한 캡시드 주위를 지질 이중층(세포막과 동일한 성분으로 이루어짐)이 한 번 더 감싸고 있는 바이러스도 많습니다. 이 지질 이중층을 **엔벨로프**라고 하는데, 이들 바이러스 대부분은 엔벨로프를 **세포막과 융합해 일체화한 다음 세포 안으로 침투합니다.**

유전자, 캡시드 그리고 엔벨로프. 이들이 바이러스의 필요 최소한

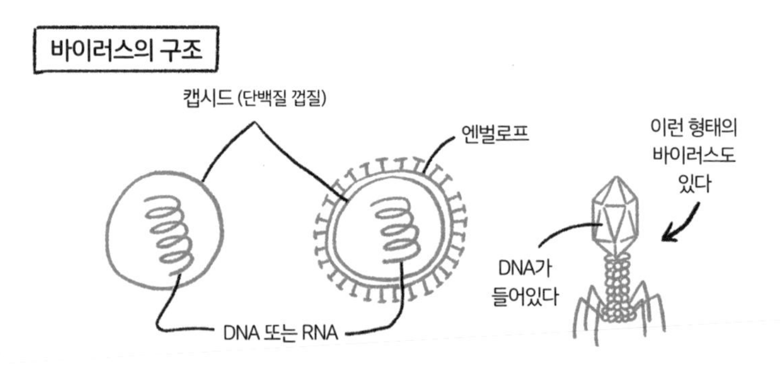

의 재료이며 다른 것들, 가령 세포가 단백질 합성을 위해 가지고 있는 리보솜은 바이러스에게는 없습니다. 리보솜이 없다는 것은 **바이러스는 스스로 단백질을 만들 수 없음**을 의미합니다. 하지만 바이러스도 유전자를 복제하기 위한 효소나 캡시드 단백질을 만들어야 합니다.

그래서 바이러스는 생물의 세포에 감염해서 **세포 안에 무수히 존재하는 리보솜을 가로챈 뒤 단백질을 만들게 합니다.**

스스로 단백질을 만들 수 있는가, 없는가. 바이러스와 세포의 가장 큰 차이점은 바로 여기에 있습니다.

03 바이러스는 왜 질병을 일으킬까?

신종 코로나바이러스를 비롯해 독감 바이러스, 노로바이러스, 에이즈 바이러스, 에볼라 바이러스, 뎅기열 바이러스, 헤르페스 바이러스 등 수많은 바이러스가 우리를 병들게 합니다. 그런데 이러한 바이러스들은 왜 우리를 병들게 하는 걸까요?

◎ 바이러스가 리보솜을 가로채면?

신종 코로나바이러스는 COVID-19, 독감 바이러스는 독감, 에볼라 바이러스는 에볼라출혈열 등 바이러스는 다양한 질병을 유발합니다. 이러한 질병은 '바이러스 감염병'이라는 이름으로 통칭하지만, 발병 방식은 다양합니다. 하지만 그 근본에는 동일한 현상이 자리합니다.

앞 절 마지막에, 바이러스는 생물과 달리 리보솜이 없어서 스스로 단백질을 만들 수 없다고 했습니다. 따라서 리보솜이 많은 세포 안으로 침투한 다음 세포의 리보솜을 빼앗아 자신의 단백질을 만들게 하죠.

이제 세포의 입장에서 상상해 봅시다. 세포 역시 단백질로 이루어져 있고, 세포 안팎의 활동은 단백질에 의해 이루어집니다. 그리고 단백질에도 수명이 있으니 계속해서 보충해야 하죠. 세포는 자신의 리보솜을 최대한 활용해 단백질을 계속 만들어 냅니다.

그런데 이상한 녀석이 들이닥쳤다! 게다가 녀석은 내 리보솜으로 자신의 단백질을 만들고 있어! 아아, 내 리보솜을…!

세포가 정말 이렇게 생각하는지는 알 수 없지만, 바이러스에게 장악당한 리보솜은 세포의 단백질이 아닌 바이러스의 단백질만 만들게 됩니다. 그러면 세포는 자신의 활동에 필요한 단백질이 보충되지 않아서 점차 쇠약해지다가 결국 죽습니다.

노로바이러스는 십이지장이나 소장의 상피세포, 독감 바이러스는 상기도 상피세포, 에볼라 바이러스는 전신의 혈관 세포가 그 고초를 겪는 것이죠.

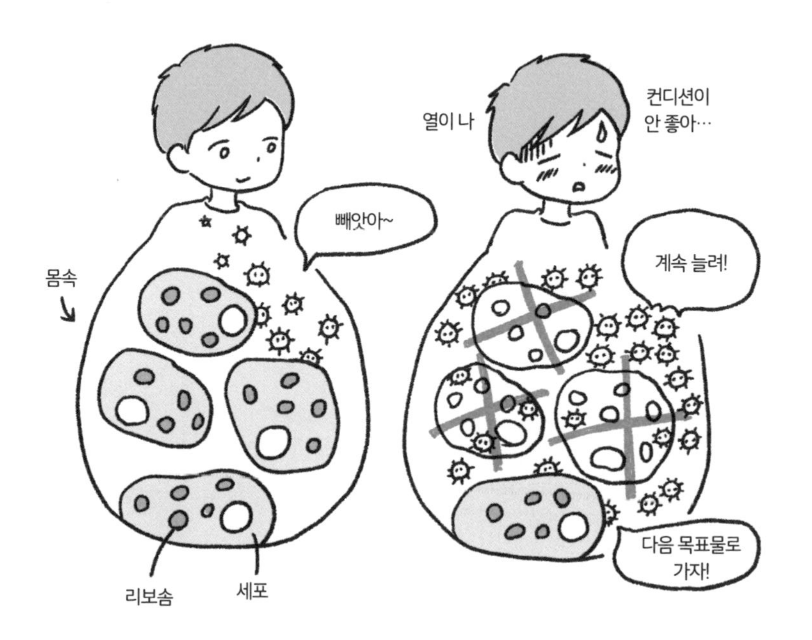

◎ 발열은 바이러스와 싸우고 있다는 증거

세포가 죽으면 몸에 좋지 않기 때문에 생체 방어를 담당하는 면역세포들이 바이러스 감염 세포와 바이러스를 죽이거나 비활성화시키는, 이른바 **면역반응**이 일어납니다.

면역반응은 매우 복잡하므로 여기서는 자세히 설명하지 않겠지만, 간단히 말하면 세포가 죽거나 세포가 죽기 전에 그 세포가 보내는 SOS 신호에 반응한 면역세포가 와서 바이러스에 감염된 세포들을 죽이거나 때로는 잡아먹기도 하고, 항체를 만들어 바이러스를 비활성화해서 바이러스가 더 이상 우리 몸에 퍼지지 못하도록 열심히 싸우는 것이죠.

이 과정에서 우리는 열이 나기도 하고 기침이나 설사를 하기도 합니다. 말하자면, 이러한 증상은 우리 몸이 바이러스와 싸우고 있다는 증거입니다.

04 바이러스와 세포 중 누가 먼저 태어났을까?

예로부터 닭이 먼저냐, 달걀이 먼저냐 하는 역설은 유명합니다. 달걀은 닭이 낳으니 달걀보다 닭이 먼저 있어야 할 테고, 닭은 달걀에서 태어나므로 달걀보다 닭이 먼저 있어야 합니다. 과연 어느 쪽이 먼저일까요? 사실 바이러스와 세포에도 이런 역설이 적용됩니다.

◎ 세포가 없었다면 바이러스는 태어나지 않았다는 것이 정설

바이러스는 세포에 감염하지 않으면 증식하지 못하므로 생존도 불가능합니다. 이 사실만 놓고 봤을 때, 바이러스와 세포 중 누가 먼저 태어났느냐고 한다면 세포가 먼저 태어났다고 보는 것이 자연스럽습니다. 세포가 먼저 태어났고, 결국 그 세포에 기생(감염)해 세포의 메커니즘으로 약삭빠르게 증식하는 존재, 즉 바이러스가 나타났다고 보는 것이죠.

현재 발견되는 모든 바이러스는 **세포 의존성**이라고 해서, **세포의 메커니즘에 의존하지 않으면 증식할 수 없기 때문에** 바이러스가 먼저 태어났다는 것은 말도 안 된다. 대다수 생물학자와 바이러스학자의 생각은 그렇습니다.

하지만 정말 그럴까요?

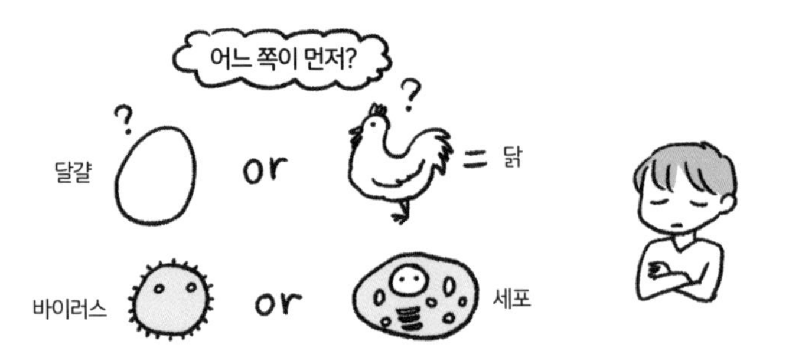

태양계와 지구가 태어난 것은 지금으로부터 약 46억 년 전. 최초의 생물(단세포 생물)이 태어난 것은 약 38억 년 전으로 추정됩니다. 불과 8억 년 차이죠.

반면 단세포 생물이 모여 최초의 다세포 생물이 태어난 것은 지금으로부터 약 10억 년 전으로 추정되므로, 단세포 생물이 다세포 생물이 되기까지 28억 년이나 걸렸습니다.

그런데 아무것도 없는 곳에서 최초의 세포가 불과 8억 년 만에 만들어지다니, 그렇게 짧은 기간에 세포와 같은 복잡한 시스템이 갑자기 만들어지기는 어렵다고 봅니다.

최초의 세포가 우주에서 날아왔다는 의견도 있습니다. 그러면 시간 문제는 순식간에 해결되지만, 마치 생각하기를 회피하는 것 같아 과학자로서는 재미가 없습니다. 여기서는 지구상에서 처음부터, 즉 아무것도 없는 곳에서 화학적 진화가 시작되어 마침내 세포가 탄생했다고 가정해 봅시다.

원자가 모여 분자가 되고, 그 분자가 더 복잡해져 탄소 원자를 포함한 유기화합물이 생성됩니다. 단백질의 재료인 아미노산이 우주에서 날아왔을 가능성도 충분히 있지만, 여하튼 그것들이 모여서 단백질이나 핵산과 같은 고분자가 만들어진 것은 분명합니다. 하지만 문제는 그다음입니다.

◎ 바이러스가 먼저일 가능성도!?

이러한 고분자가 세포막에 싸여 리보솜을 통해 스스로 단백질을 만들어 분열하고 증식하는 복잡한 메커니즘을 만들기 전에, 먼저 더 단순한 구조체를 만들었다는 의견에 논리적 비약이 있다고 생각하지는 않습니다. 요컨대 '바이러스의 원형'입니다. 먼저 핵산이 단백질 껍질에 싸인 단순한 형태가 만들어지고, 그것이 마침내 세포막을 가진 세포로 진화했다. 충분히 가능성 있는 이야기입니다. 이런 시각을

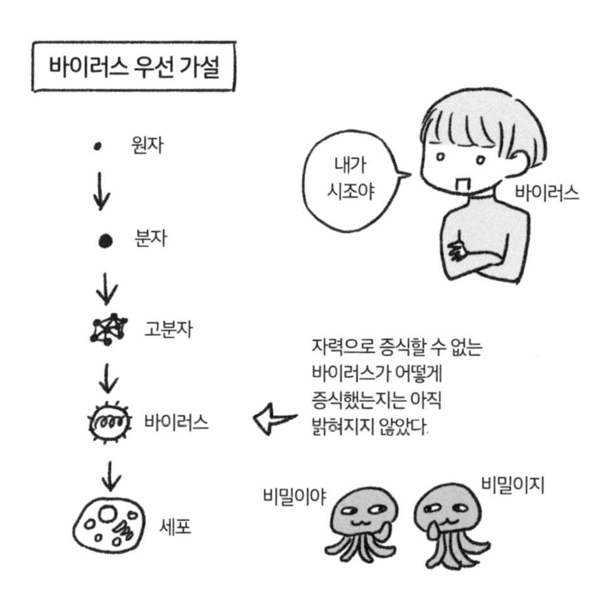

바이러스 우선 가설이라고 합니다.

이 가설의 가장 큰 약점은 "그 바이러스의 원형은 아직 세포가 없던 시절에 어떻게 증식했을까?"라는 질문에 답할 수 없다는 점입니다. 물론 그때의 바이러스와 지금의 바이러스는 달라서 지금과는 다른 메커니즘으로 복제했을 것이라고 주장하기는 쉽습니다. 하지만 그 모습을 현재로서는 상상하기 어렵죠.

요컨대 바이러스가 먼저인지, 세포가 먼저인지는 아직 결론이 나지 않았습니다.

05 생명공학에 바이러스가 쓰인다?

첨단기술은 어느 날 갑자기 빅뱅처럼 나타나는 것이 아닙니다. 첨단기술이 탄생하기까지는 반드시 그 기초가 되는 학문이나 기술이 있기 마련입니다.

생명공학의 경우, 그에 앞서 '분자생물학'이라는 학문이 등장했기에 발전할 수 있었습니다.

◎ 바이러스가 생명공학의 시작

19세기까지의 생물학은, 말하자면 '맨눈으로 볼 수 있는 수준의 생물학'이었습니다. 그 중심은 생태학, 분류학, 생리학, 형태학, 행동학 등 말 그대로 '생물학다운 생물학'이었죠. 여러분도 '생물학'이라고 하면, 배추흰나비나 포유류, 짚신벌레 같은 '생물 개체'가 먼저 떠오르지 않나요?

그러나 19세기 후반 무렵 '생화학', 즉 생물의 신체 구조를 '화학'으로 규명하려는 학문이 탄생하면서 흐름이 바뀌었습니다. 맨눈으로 볼 수 없는 미시적인 세계를 알지 못하면 생물의 구조를 알 수 없다고 인식하게 된 것이죠. 그 과정에서 주목받은 것이 '바이러스'였습니다.

주목받은 바이러스는 세균에 감염하는 **박테리오파지**입니다.

박테리오파지는 1915년 영국의 세균학자 프레데릭 트워트, 1917년 캐나다의 생물학자 펠릭스 데렐이 세균을 죽이는 바이러스로서 발견했습니다. 물리학자였던 막스 델브뤼크는 이 박테리오파지를 이용해, 당시에는 아직 정체불명이었던 '유전자'를 연구하기 위해 '파지 그룹'이라는 과학자 그룹을 결성해 연구를 시작했죠.

박테리오파지는 박테리아보다 형태가 단순하고, 금세 증식하기 때문에 연구가 무척 용이했습니다. 물리학자들에게는 생물처럼 복잡한 구조가 아닌 박테리오파지가 더 물리적인 존재로 보였을지도 모릅니다.

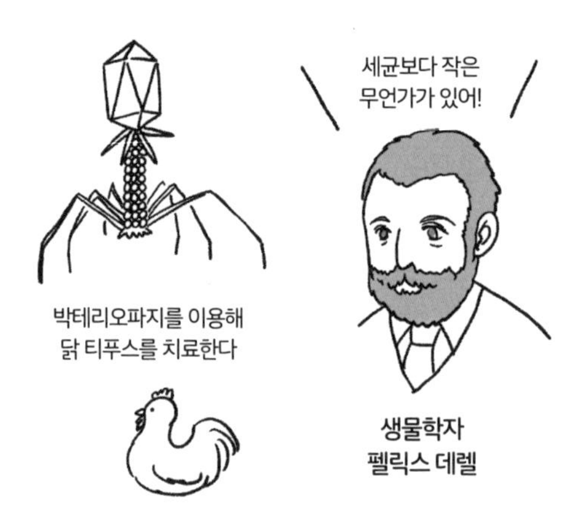

◎ 바이러스의 유전자를 조작하다

그 후 박테리오파지는 중요한 연구에 크게 이바지합니다. 유전자의 본체가 단백질인지 DNA인지에 대한 논쟁이 한창이던 20세기 중반, 알프레드 허시와 마사 체이스라는 생물학자가 단백질과 DNA로만 이루어진 박테리오파지를 이용한 연구에서 DNA가 유전자의 본체임을 증명한 겁니다.

박테리오파지의 단백질과 DNA에 각각 표지를 붙인 뒤 어느 쪽이 다음 세대의 박테리오파지에게 전달되는지 조사한 결과, DNA에 붙인 표지만이 다음 세대로 전달되었고, 이로써 세대에서 세대로 전달되는 유전자의 본체는 DNA였음이 입증된 것이죠.

생명공학에서 특히 유명한 바이러스 활용은 **아데노바이러스 벡터**라는, **유전자를 세포에 전달할 때 사용하는 바이러스**입니다. 바이러스는 감염한 세포에서 대량으로 증식하는데, 그 증식을 위한 유전자를 원하는 유전자로 대체해 세포에 집어넣습니다. 유전적으로 변형됐기 때문에 인간에게 질병을 일으키지도 않거니와 그 바이러스가 증식하는 일도 없죠. 생명공학에 특화된, 그야말로 바이러스의 성질을 활용한 전형적인 사례입니다.

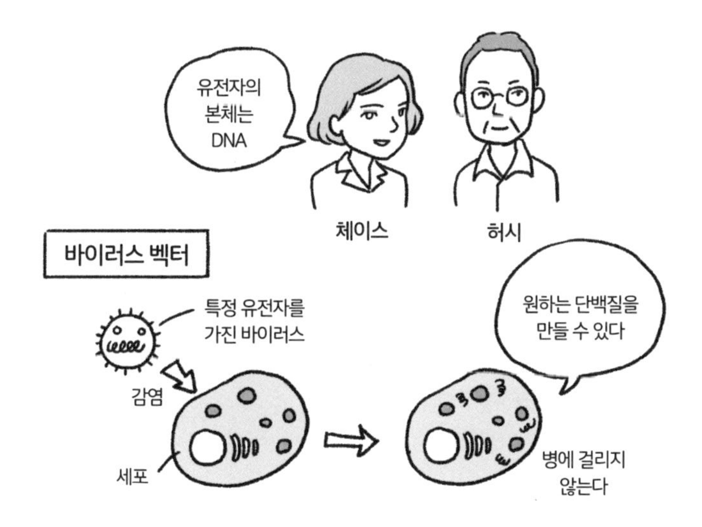

06 바이러스는 원래 질병을 일으키지 않는다는 게 사실일까?

01절에서도 말했듯이, 바이러스는 이 세상 어디에나 존재합니다. 여러분이 늘 마시는 공기 중에도 많고, 바다나 강물에도 대량의 바이러스가 존재하죠.

그럼에도 우리가 허구한 날 병에 걸리지 않는 이유는 무엇일까요?

◎ 바이러스는 외골수

먼저 가장 큰 이유는 바이러스 대부분이 우리 인간에게 감염하지 않기 때문입니다. 인간이 아닌 다른 생물에게 감염하는 바이러스가 대다수이죠.

바이러스는 '숙주 특이성'이 매우 높아서 인간에게 감염하는 것은 인간 이외에는 감염하지 않으며, 아메바에 감염하는 것은 아메바 이외에는 감염하지 않습니다. 그래서 이를테면 곤충에 감염하는 바이러스는 인간에게는 '보통' 감염하지 않으며[1], 박테리아에 감염하는 바이러스 역시 우리에게는 감염하지 않습니다.

1 지카 바이러스나 일본뇌염 바이러스 등은 인간과 곤충(모기) 모두에 감염하지만, 모기에게는 질병을 일으키지 않습니다. 따라서 이들 바이러스는 모기를 매개체로 인간에게 감염한다고 설명하는 경우가 많습니다.

◎ 바이러스는 원래 질병을 일으키지 않는다!?

다음으로 두 번째 이유입니다. 감염돼도 질병을 일으키지 않는 바이러스가 존재할까요?

분명히 말하면 "존재합니다"!

가까운 예로, 여러분도 잘 알다시피 신종 코로나바이러스에 감염돼도 '무증상'인 사람들이 많았습니다. 이런 경우는 원래 질병을 일으켜야 할 바이러스가 감염자의 면역력과의 균형 관계로 질병으로 나타나지 않은 것뿐일 수도 있습니다. 그러나 건강한 우리 몸 안에도 항상 바이러스는 존재한다는 사실이 최근 밝혀졌습니다. 더구나 질병을 일으키는 것으로 알려진 바이러스가 말이죠.

이를테면 면역력이 떨어졌을 때 증상이 나타나는 **상주 바이러스**로는 헤르페스 바이러스가 있습니다.

헤르페스는 대상포진이나 구순포진의 원인으로 알려졌지만, 사실 건강한 사람의 몸 안에 늘 존재하며 때로는 우리 몸이 활동하는 데에 어떤 긍정적인 영향을 주는 것으로 추정하고 있습니다.

전 세계 인구의 3%가 감염된 것으로 알려진 C형 간염 바이러스도 마찬가지입니다.

질병을 일으키기도 하지만 그렇지 않기도 하는 바이러스는 이 밖에도 많이 존재할 것으로 보입니다.[2]

이제 바이러스의 관점에서 생각해 봅시다.

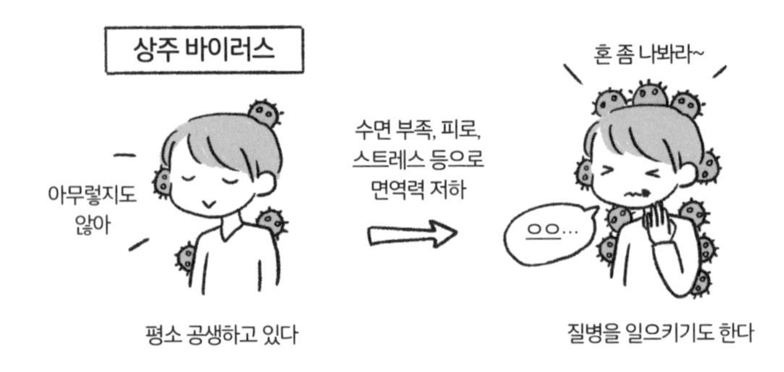

바이러스는 숙주의 세포 안에서만 증식할 수 있으므로, 숙주가 죽으면 자신도 끝납니다. 숙주가 병에 걸려 방어 반응이라도 일으킨다면 바이러스 자신에게도 좋을 리 없죠.

즉, 바이러스 입장에서는 **숙주에게 들키지 않고 세포 안에서 증식할 수 있다면 이보다 더 좋을 수는 없는 겁니다.**

사실 자연계에서 바이러스와 숙주(자연 숙주라고 합니다)의 관계는 이런 식입니다. 원래 바이러스는 숙주에게 질병을 일으키지 않거나, 일으킨다 해도 아주 가벼운 질병이어야만 합니다.

◎ 원래 병원체가 아닌 바이러스가 질병을 일으키는 이유는?

그렇다면 우리를 병들게 하는 바이러스들은 도대체 왜 병이 나게 하는 걸까요?

그 이유는 크게 두 가지로 나눌 수 있습니다.

2 C형 간염 바이러스를 발견한 과학자 세 사람은 2020년 노벨 생리의학상을 받았습니다.

먼저 **그 바이러스에게 우리 인간은 본래의 숙주(자연 숙주)가 아니기 때문**입니다.

바이러스 입장에서는 자연 숙주에게 질병을 일으키지 않는다면 바이러스의 생존에 아무 문제가 없으므로, 우연히 인간에게 감염할 수 있는 돌연변이가 발생한 바이러스가 우리에게 감염해 질병을 일으키는 것이죠.

예전에는 독감 바이러스나 에이즈 바이러스가 그런 경로로 인간에게 감염하기 시작한 것으로 알려졌으며, 최근에는 신종 코로나바이러스 역시 그런 사례로 보고 있습니다.

둘째, 원래는 질병을 일으키지 않고 균형 있게 '공생'하다가 **숙주의 면역력이 떨어지면서 균형이 깨져 질병으로 나타나는 경우**입니다.

에이즈 바이러스에 의해 면역체계가 약해지면 이전에는 걸리지 않던 병원균에 감염되는 '기회감염'이 유명합니다.

여기에는 세균 감염병도 포함되지만 바이러스에 한정해 이야기하자면 헤르페스 바이러스, 아데노바이러스 등 인체에 상주하는 것으로 추정되는 바이러스의 힘이 상대적으로 강해져 병에 걸리게 됩니다.

07 거대 바이러스는 맥시멀리스트?

여기서 인간에게 감염하지 않는 바이러스의 대표로 '거대 바이러스'를 한번 살펴봅시다. 저의 현재 전문 분야가 이 거대 바이러스 연구이기 때문입니다. 일반적인 바이러스와는 조금 다른 거대 바이러스. 도대체 어떤 바이러스일까요?

◎ 유전자와 유전체가 크고 복잡해서, 거대 바이러스

1장 09절에서 이미 간단히 소개했듯이, 거대 바이러스는 2003년에 '미미바이러스'라는 바이러스가 발견된 이후 전 세계에서 연이어 발견되고 있는, 기존 바이러스보다 크기도 크고 유전체의 크기도 큰 DNA 바이러스입니다.

지금까지 미미 바이러스 외에도 마르세유 바이러스, 판도라 바이러스, 피토바이러스, 팩맨 바이러스, 메두사 바이러스 등 다양한 바이러스가 발견되었죠.

거대하기는 하지만 리보솜이 없어 단백질을 만들 수 없으므로 바이러스는 바이러스입니다. 하지만 거대 바이러스에는 기존 바이러스에는 없는 몇 가지 흥미로운 특징이 있습니다.

대표적인 것이 기존 바이러스에는 없는 유전자를 거대 바이러스는 가지고 있다는 점입니다.

바이러스는 이른바 '미니멀리스트'라서 세포에 감염해 그 세포 안에서 사용하면 되는 유전자를 굳이 자신의 유전체에 가지고 있지 않지만, 거대 바이러스는 그렇지 않습니다.

이를테면 미미 바이러스는 이러한 유전자 중 단백질을 합성할 때 필요한 '아미노아실 tRNA 합성효소 유전자[1]'를 자신의 유전체에 보유하고 있죠.

단백질은 스무 가지 아미노산으로 이루어져 있고, 우리 생물은 이 스무 가지 아미노산에 각각 대응하는 유전자를 가지고 있습니다. 미미 바이러스는 흥미롭게도 이 유전자를 네 가지 혹은 다섯 가지, 열

1 리보솜에서 아미노산이 중합해 단백질이 만들어질 때, tRNA(운반 RNA)가 아미노산을 하나씩 결합해 리보솜까지 운반합니다. 그 결합을 촉매하는 것이 아미노아실 tRNA 합성효소입니다.

아홉 가지 그리고 우리 생물과 마찬가지로 스무 가지 등 각각 다르게 보유하고 있습니다.

왜 바이러스마다 보유한 가짓수가 다를까요? 현재 말할 수 있는 것은, 미미 바이러스가 이 유전자를 사용하지 않을 수도 있다는 점입니다. 아마도 진화 과정에서 숙주인 진핵생물로부터 우연히 이 유전자를 훔쳐 온 것으로 보입니다.

이외에도 제 연구팀이 발견한 '메두사 바이러스'는 우리 진핵생물과 마찬가지로 '히스톤 유전자'를 다섯 가지 모두 보유하고 있습니다. 히스톤은 세포핵에서 DNA를 저장하고 유전자 발현을 조절하는 중요한 단백질인데, 메두사 바이러스가 왜 이것을 가졌는지는 아직 밝혀지지 않았습니다.

판도라 바이러스와 피토바이러스는 일반 바이러스와는 다른 캡시드 구조이며, 크기도 1마이크로미터를 넘습니다. 이는 세균 수준의

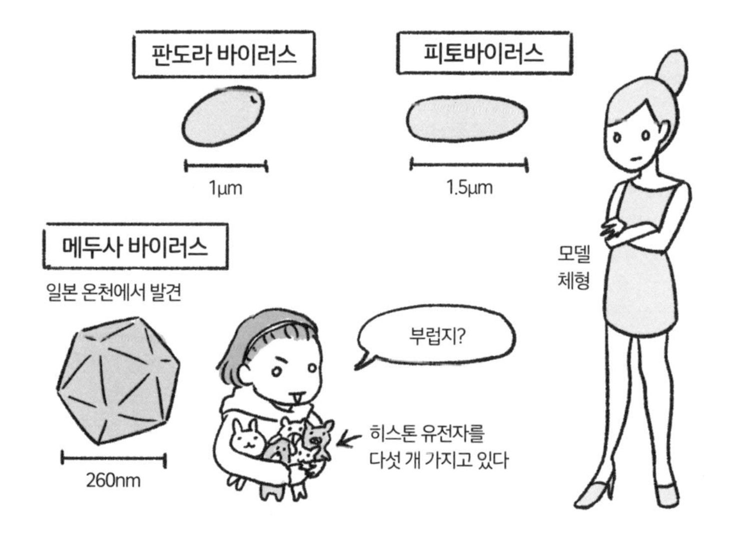

크기죠. 판도라 바이러스는 유전체 크기가 진핵생물의 영역에 도달할 정도입니다. 더구나 미미 바이러스는 '스타게이트 구조'라는 신기한 구조라서 마치 우주선 같은 메커니즘으로 세포에 유전체를 방출합니다.

거대 바이러스라고 해서 기존 바이러스보다 수십 배씩 큰 것은 아니지만, **유전자나 유전체 등이 크고 복잡한 구조를 갖추고 있다**는 의미에서 '거대'합니다. 어쩌면 그들은 앞으로 더 크고 복잡해지는 것을 추구하는 '맥시멀리스트'일지도 모릅니다.

08 세포와 바이러스는 공생관계일까?

바이러스는 어디에나 존재합니다. 모든 생물은 바이러스에 감염됩니다. 원래 바이러스는 숙주를 병들게 하지 않거나, 병들게 하더라도 가볍게 앓고 지나가게 해야 합니다.

지금까지 소개한 바이러스의 특징을 통해 추측해 보건대 세포, 즉 생물과 바이러스의 관계는 사실 '공생'일 것이라는 결론에 도달합니다.

◎ 생물과 바이러스는 상호이익 관계

공생은 말 그대로 '함께 살아간다'는 뜻입니다. 생물과 바이러스가 '함께 살아간다'는 것은 바이러스가 생물에 감염하는 것이 바이러스나 생물 모두에게 어떤 이득이 있다는 뜻이기도 하죠.

생물이 바이러스에 감염되어 바이러스는 증식하지만 생물은 때때로 죽는 관계. 바이러스 입장에서는 증식할 수 있으니 이점이 있지만, 생물에게는 아무런 이득이 없어 보입니다. 물론 생물 하나하나의 개체 단위로 보면, 우리 인간 역시 코로나바이러스로 목숨을 잃는 사례를 지금까지 많이 봐왔기에 바이러스에 감염되는 것은 단점만 있는 듯합니다.

하지만 여기서 관점을 바꿔 생물 개체 수준에서 생물 종(種) 수준,

즉 그 생물의 오랜 역사라는 관점에서 보면 다른 측면이 보입니다.

◎ 바이러스와 숙주는 서로의 유전자를 이용한다.

앞 절에서 소개한 거대 바이러스. 그 유전체를 연구하다 보면, 일부 유전자가 숙주인 진핵생물의 유전자에서 유래했거나 반대로 진핵생물의 유전자가 거대 바이러스의 유전자에서 유래하기도 한다는 사실을 알 수 있습니다. 미미 바이러스가 가진 '아미노아실 tRNA 합성효소' 유전자가 대표적인 예이죠.

이는 오랜 감염의 역사 속에서 **바이러스와 숙주의 유전자가 점차 서로 이동해 서로에게 이익이 되는 방향으로 진화해 왔음**을 의미합니다.

앞 절에서는 '훔쳐 온 것'이라는 표현을 썼지만, 사실 미미 바이러스는 감염된 아메바가 굶주린 상태가 되면 긴급히 자신이 보유한, 즉 '훔쳐 온' 아미노아실 tRNA 합성효소 유전자를 발현해 해당 단백질을 만드는 것으로 알려졌습니다. 단순히 훔치기만 한 것이 아니라 실제로 사용하고 있을 수도 있는 것이죠. 거대 바이러스가 감염하는 아메바에도 거대 바이러스에서 유래한 유전자가 많이 존재하며, 이

를 실제로 사용하며 살아가는 것으로 추정됩니다.

이러한 관계가 성립한다는 것은 양쪽 모두 어떤 이점을 누리고 있다, 즉 '공생'하고 있음을 의미합니다. 반대로 말하면, 공생하고 있기에 이러한 유전자 '교환'이 이뤄지는 것이죠.

최근 연구에 따르면, 건강한 성인의 몸속에도 헤르페스 바이러스 등 다수의 바이러스가 살고 있다는 사실이 밝혀졌습니다. 그 바이러스들은 우리에게 질병을 일으키지는 않지만, 그렇다고 그냥 있는 것은 아닐 겁니다. 서로에게 어떤 이득이 있기에 바이러스는 그곳에 있고, 우리는 그것을 용인하는 관계가 형성된 것이죠. 앞으로 바이러스의 '부정적인 측면'뿐만 아니라 '긍정적인 측면'에 대한 연구도 진행될 것으로 보입니다.

09 미지의 바이러스는 어떻게 생겨날까?

가장 최근에 유행한 코로나바이러스는 2019년 연말에 갑자기 등장한 신종 코로나바이러스로, 순식간에 전 세계로 퍼져나가 온 세상 사람들이 고통을 겪었습니다. 예전에 에이즈 바이러스도 느닷없이 등장해 사람들이 감염되기 시작했고, 에이즈라는 무서운 질병의 존재가 알려졌습니다. 이런 바이러스들은 도대체 어떻게 '등장'한 것일까요?

◎ 신흥 바이러스란!?

SDGs라는 개념이 널리 퍼지면서 지금은 그 기세가 많이 꺾인 듯하지만 20세기는 '개발'의 시대였고, 인간들은 활동무대를 점점 넓혀 아마존이나 동남아시아, 아프리카 등지의 정글을 개척해 나갔습니다. 요컨대 '신대륙'이라는 말을 사용하며 그곳에서 낭만과 미래와 엄청난 부를 찾으려 했습니다.

하지만 인간들은 그 외에도 그곳에서 무시무시한 것을 발견했고, 설상가상으로 그것을 인간 사회로 끌어들였습니다.

그것은 당연히 '미지의 바이러스'입니다.

정글에는 아직 우리 인간이 알지 못하는 생물이 많기에 당연히 그 생물에 감염하는 미지의 바이러스도 많습니다.

대부분의 바이러스는 사람에게 감염하지 않지만, 바이러스는 **감염해 증식할 때마다 돌연변이가 발생**하므로 우연히 인간에게 감염할 수 있게 된 바이러스도 있을 터입니다.

정글 깊숙이 들어간 인간에게 우연히 그런 바이러스, 특히 아직 인간이 한 번도 접해본 적 없는 바이러스가 들러붙어 감염하면…….

이런 바이러스를 **신흥 바이러스**(이머징 바이러스)라고 합니다. 바이러스 자체는 원래부터 존재했지만, 인간 사회 속에서 '새롭게 나타난 것'처럼 보이기에 그런 이름이 붙었죠.

대표적인 신흥 바이러스는 에볼라 바이러스, 뎅기바이러스, 지카 바이러스, 에이즈 바이러스 등이 있으며, 최근에는 신종 코로나바이러스(SARS-CoV-2)가 여기에 속합니다.

◎ 바이러스는 변이를 반복하면 숙주가 바뀔 가능성이 있다

06절에서도 언급했듯이, 기본적으로 특정 바이러스의 숙주(감염하는 상대 생물)는 거의 정해져 있습니다.

이를테면 세계 최초로 전자현미경으로 관찰된 바이러스인 담배 모자이크 바이러스는 말 그대로 담뱃잎에 감염하는 바이러스로, 다른 식물에는 감염하지 않습니다. 제가 연구하는 메두사 바이러스는 가시아메바에만 감염하죠. 신종 코로나바이러스 이전부터 인간 사회에 존재한 감기(일반 감기)의 원인 바이러스인 인간 코로나바이러스 역시 인간 외에는 감염하지 않습니다.

그러나 바이러스에 따라 정도의 차이는 있지만, 바이러스는 감염을 반복할 때마다 돌연변이를 반복합니다(폭스바이러스와 같은 DNA 바이러스보다 코로나바이러스나 인플루엔자 바이러스와 같은 RNA 바이러스가 돌연변이를 일으킬 확률이 높습니다). 이전에는 인간에게 감염하지 않았던, 인간과 비교적 가까운 생물에 감염하던 바이러스가 어떤 돌연변이로 인해 인간에게 감염하는 일이 발생할 수 있는 겁니다.

예컨대 인간면역결핍바이러스(HIV)는 원래 원숭이면역결핍바이러스(SIV)가 돌연변이를 일으켜 사람에게도 감염하게 된 사례로 유명합니다. 아직 기억이 생생한 신종 코로나바이러스도 박쥐 등 포유류에 감염하던 코로나바이러스가 돌연변이를 일으켜 인간에게 감염하게

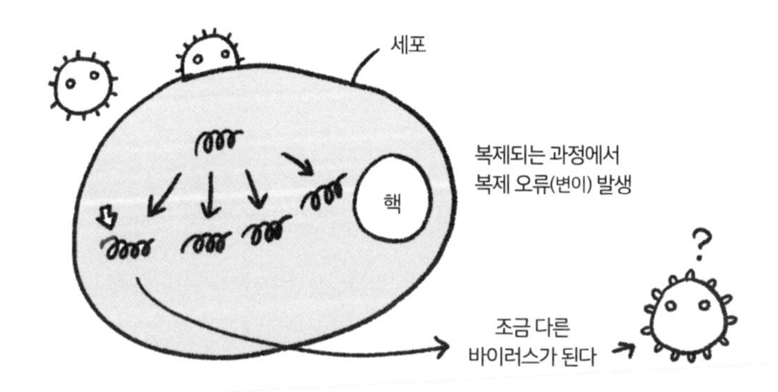

된 것이죠.

정글처럼 인간의 발길이 닿지 않은 곳은 지구상에 아직 많이 남아 있습니다. 인간이 그런 미지의 영역에 도전하는 한, 앞으로도 새로운 이머징 바이러스는 우리 눈앞에 모습을 드러낼 것입니다.

10 바이러스와 인간은 공생할 수 있을까?

코로나 팬데믹을 겪으며 우리는 좋든 싫든 바이러스와 함께 살아가야 한다는 사실을 전 세계 많은 사람이 인식하게 되었습니다. 바이러스 감염을 예방하기 위해서는 공중위생에 대한 지식도 물론 중요하지만, 바이러스를 잘 이해하는 것 또한 매우 중요합니다. '적을 아는 것'이 최선의 방어이기 때문입니다.

◎ 바이러스 검출의 생명공학

원래 바이러스라는 이름에는 '독'이라는 뜻이 있고, 인간을 병들게 하면서 발견된 역사로 인해 처음부터 좋은 이미지가 아닌 것은 당연합니다.

코로나바이러스, 특히 신종 코로나바이러스(SARS-CoV-2)는 2020년부터 2023년까지 인류의 삶에 엄청난 영향을 끼쳤기 때문에 바이러스의 이미지는 현재 '최악'이라고 해도 과언이 아닙니다. 최악이지만, 사람들의 관심과 흥미가 일시적이나마 바이러스에 쏠린 점, 다양한 생명공학 기술 가운데 'PCR'이 크게 주목받은 점은 큰 의미가 있습니다.

앞서 말했듯이, PCR은 특정 유전자(또는 유전자가 아니더라도 특정

DNA나 RNA의 염기서열)를 증폭할 수 있는 기술입니다. 증폭함으로써 해당 염기서열이 존재하는지 검출할 수 있으므로, 바이러스나 세균 같은 병원체가 있는지 확인할 때도 매우 유용하죠.

그러나 PCR이 만연하는 세상은 정말 '올바른' 세상일까요?

◎ 다른 생물 또는 바이러스와 공생하는 세상

우리에게 질병을 일으키는 바이러스와 세균은 우리 주변에 널려 있습니다. 그리고 질병을 일으키지 않는 것들도 많이 있죠.

우리 생물은 수십억 년에 걸쳐 이런 병원체에 시달려 왔지만, 한편으로는 그들이 있었기에 우리는 면역이라는 훌륭한 시스템을 갖추었고, 유전자의 수평 이동을 통해 그들과 유전자 교환이 일어났으며, 그것이 우리의 진화와 번영을 가져왔다고도 할 수 있습니다.

또한 때로는 병원체가 될 수 있는 세균들은 (그리고 바이러스들도) 우리 몸 안에서 늘 살아가고 있습니다. 물론 그들에게도 이점이 있지만, 유명한 장내 플로라처럼 많은 박테리아가 우리 몸 안에서 살며 우리 몸에도 좋은 영향을 줍니다.

PCR은 이러한 공생생물들도 검출할 수 있습니다. 그러나 그 검출 결과를 인간이 어떻게 활용하느냐는 인간의 지식수준에 크게 좌우됩니다. 어떤 바이러스가 증상이 가벼운 질병을 유발했다고 합시다. 그런데 사실은 우리 몸에 좋은 일을 더 많이 한다고 가정해 봅시다. 이 사실을 몰랐다면 우리는 이 바이러스를 '악'으로 규정하고 제거하려 들겠죠.

이것이 과연 '올바른' 일이라고 할 수 있을까요?

◎ 바이러스와 사이좋게 공생하기

바이러스 관련 생명공학, 적어도 바이러스 예방에 관한 생명공학은 우리 인간이 '억지로 바이러스를 검출하기 위한 것'입니다.

코로나 팬데믹이 발생하기 전, 우리는 독감 바이러스나 일반 감기 바이러스에 대해 이렇게까지 철저하게 바이러스를 검출하려고 했나요?

2023년 5월 8일, 일본에서는 신종 코로나바이러스를 인플루엔자 바이러스와 마찬가지로 '5류'로 분류했습니다(감염병법). 이제 우리는 신종 코로나바이러스에 대해 '억지로 바이러스를 검출하지 않아도 되는' 상황이 된 겁니다. 개인적으로는 아주 바람직하다고 봅니다.

예로부터 우리 인간은, 아니 생물 대부분은 바이러스와 공생해 왔습니다. 아무리 병원성이 강한 바이러스일지라도 매번 잘 극복해 왔죠.

그야말로 온고지신(溫故知新). 있는 그대로 살아가는 것이야말로 '바이러스와 사이좋게 공생하는' 길입니다.

칼럼 04

바이러스와 요괴는 닮았다?

저는 사실 '요괴 분자생물학자' 또는 '요괴 선생님' 같은 이상한 별명으로 불리기도 합니다. 물론 요괴를 무척 좋아해서이기도 하지만, 『로쿠로쿠비[1]의 목은 왜 늘어날까?(ろくろ首の首はなぜ伸びるのか)』 같은 책을 낸 것도 한몫했죠.

현재 저의 전문 분야는 '거대 바이러스학'(혼자 멋대로 그렇게 부르고 있을 뿐, 그런 학문 분야는 공식적으로는 아직 없는 것 같네요)인데, 사실 왜 거대 바이러스(아니, 여기서는 그냥 '바이러스'라 해도 될 것 같습니다) 연구를 하게 됐는지 가만히 자기반성을 담아 돌이켜보면, 요괴와 큰 관련이 있는 듯합니다.

미즈키 시게루가 그린 요괴 가운데 '호소바바'라는 요괴가 있습니다. 원래 『오슈바나시(奥州波奈志)』라는 에도시대 책에 등장하는 호소바바는 미야기현에 전해져 내려오는 무서운 외눈박이 요괴로 포창(疱瘡), 즉 천연두를 퍼뜨려서 죽은 사람을 잡아먹었다고 합니다. 지금은 천연두의 원인이 폭스바이러스과의 천연두 바이러스라고 밝혀졌지만, 에도시대에는 도무지 알 길이 없었습니다.

눈에 보이지도 않아 원인을 알 수 없는 병의 원인을 당시 사람들이 온갖 도깨비들한테서 찾은 것은 어찌 보면 당연합니다. 혹시 또 모르죠. 이 '호소바바'가 천연두 바이러스의 자연 숙주였는지도….

바이러스나 요괴 모두 결국 눈에 보이지 않습니다. 우리 인간들은 눈에 보이지 않는 존재들을 대체로 무서워합니다. 어둠을 무서워하는 심리와 근본적으로 같죠. 다만 보이지 않기에 더 무섭기도 하고, 오히려 관심의 대상이 되기도 합니다. 보

1 일본 고전 괴담에 등장하는 요괴로, 목이 엿가락처럼 길게 늘어난다-옮긴이

이지 않기에 더 재미있고, 상상력을 자극하는 것이죠.

이것이 제가 요괴에 관심을 가지고, 과학자가 된 지금도 여전히 관심을 두고, 그리고 지금은 눈에 보이지 않는 바이러스를 연구하는 가장 큰 이유일지도 모르겠습니다. 물론 바이러스는 현미경을 사용하면 볼 수 있기는 합니다만.

제 5 장

생명공학은 앞으로 어떻게 될까?

01 인간이 생명을 조작하면 어떤 세상이 될까?

드디어 마지막 장입니다. 이번 장에서는 '인간이 생명을 조작하는 것'에 대해 다양한 상황을 가정해서 생각해 보겠습니다.

◎ The Farm은 이미 실현되고 있다?

2000년, 알렉시스 록맨이 그린 〈The Farm〉이라는 제목의 그림이 있습니다.

이 그림에는 신기한 생물들이 많이 그려져 있습니다. 날개가 한쪽에 세 개씩 총 여섯 개 달린 닭, 마치 탱크처럼 비대해진 소, 바구니 안에 꽉 들어찬 토마토 같은 채소, 인간의 장기가 그려진 돼지, 그리고 아래쪽에는 인간의 귓불이 달린 생쥐가 그려져 있죠. 이는 유전자조작처럼 생명을 조작하는 기술을 사용하면 가까운 미래에 어떤 '농장'이 만들어질지를 묘사한 그림으로 보입니다.

물론 이는 어디까지나 가상의 세계이고 현재 이런 '농장'은 전 세계 어디에도 없겠지만, 만들고자 한다면 만들 수 있는 기술적 배경은 이미 존재합니다. 이 그림만큼 극적인 이미지는 아니지만 실제로는 이와 비슷한 세계에 일부 도달했다고 할 수 있죠.

◎ 왜 생명을 조작할까?

우유를 생산하는 젖소의 존재가 현대 낙농업에서 그리 놀랄 일은 아니지만, 가령 고기소를 비롯해 고기로 소비되는 가축이나 물고기를 유전자조작으로 근육을 엄청나게 발달시켜 먹는 일이 이미 현실화하고 있습니다. 이를테면 선천적으로 **마이오스타틴**이라는 단백질이 생성되지 않는 품종의 소는 **점점 근육이 발달해 아주 우람한 체형이 되죠**. 이를 응용해 실제로 유전체 편집으로 마이오스타틴 유전자를 비활성화시켜 만든 방어는 살이 두툼해서 무척 맛있다고 합니다.

등에 인간의 귓불이 달린 생쥐는 실제로 연구자들이 만들어 낸 것입니다. 그렇다고 그 귀에 정말 인간의 귀처럼 소리를 들을 수 있는 기능이 있는 것은 아닙니다. 이는 연골 세포를 배양해 인간의 귓불과 유사한 형태로 만든 뒤 생쥐의 등 피부에 이식한 것일 뿐이죠.

귀처럼 생겼지만, 고막을 통해 실제로 음파를 수신하고 청신경을 통해 소리를 감지하는 것은 아닙니다. 다만 세포를 입체적으로 배양해 실제 장기와 똑같은 것을 재현해 낼 만큼 세포 배양 기술이 발전한다면, 귀가 귀로서 기능하는 '귀 생쥐'를 만들 수 있을 겁니다.

인간이 생명을 조작하는 근본적인 이유는 인간이 스스로에게 어떤 이득을 가져다주고자 하기 위함입니다. 물론 대다수 생명과학자는 순수한 지적 호기심에서 '생명 조작'을 통해 생명의 작동 원리를 알고 싶어 할 터입니다. '생명 조작'이라고 하면 부정적인 이미지를 떠올리기 쉽지만, 연구가 진전되면 우리 인간에게 많은 혜택을 가져다주리라 우리 연구자들은 기대하고 있습니다.

02 자연계에서는 생명 조작이 당연한 일?

인간이 생명을 조작하는 행위는 허용될 수 있는가.

이런 질문은 생물학이나 생명과학이라기보다는 철학이나 생명윤리학의 범주입니다. 하지만 생명과학의 중요한 기반이기도 하기에 우리의 미래를 위해서도 매우 중요한 문제입니다.

◎ 기생충이나 바이러스도 생명 조작을 한다?

인간에 의한 생명 조작은 허용될까?

누가 허용하느냐고 하면, 이럴 때 흔히 '신'이 등장하지만 이 책은 어디까지나 자연과학서이므로 신이라는 존재는 상정하지 않겠습니다. 따라서 '허용 여부'는 인간이 자신들의 행위를 어떻게 생각하느냐 하는 문제입니다. 다시 말해, 이러한 질문은 사람마다 대답이 다를 수 있다는 뜻이며, 그래서 전 세계적으로 합의를 끌어내기 어려운 문제이기도 합니다.

'생명을 조작한다'라고 하면 다소 SF 같은 이미지가 있으므로, 다소 자의적일 수 있으나 이 말을 **"자신들을 위해 다른 생물을 제어한다"**라고 바꿔 봅시다. 그러면 다른 생물을 '제어'하는 존재는 인간만이 아님을 알 수 있습니다.

이를테면 어떤 기생충은 숙주 생물의 신경계를 '조작'해 행동을 변화시킴으로써 자신(기생충)이 더 널리 퍼져나가도록, 즉 자신에게 유리하도록 숙주의 행동을 제어하는 것으로 알려졌습니다. 또한 어떤 바이러스는 숙주의 행동이나 몸 색깔을 변화시켜 천적에게 쉽게 포식당하도록 해서 자신의 확산에 유리하게 제어하죠.

이처럼 **기생충이 숙주를 제어하는 사례는 자연계에 광범위하게 존재**하는 것으로 알려졌습니다.

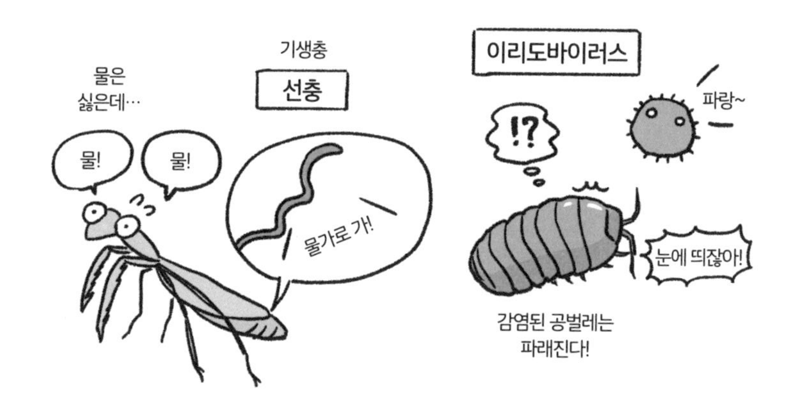

◎ 윤리의 벽은 높다

한편 우리 인간은 어떨까요?

인간이 일부 포유류나 조류를 '가축화' 내지는 '가금화'하고, 더 나아가 품종 개량을 통해 인간에게 유용한 생물을 만들어 내는 것은, 위의 의미에서 말하면 '소, 돼지, 닭 같은 생물을 제어'하는 행위입니다. 기생충이나 바이러스는 생물의 몸 안에 들어가 제어하지만, **인간은 생물의 몸 밖에서 제어한다.** 방법은 달라도 결과는 같다고 할 수 있죠.

물론 생물학적 논의만으로 인간의 '윤리관'을 논하는 것은 무모하며, 인간에게는 사회성, 논리성, 종교성 등 다양한 특성이 존재하기에 일률적으로 다른 생물의 세계와 비교하는 것은 무의미합니다.

유전자 재조합과 유전체 편집이라는 '새로운 기술'은 지금까지 인간이 해왔던 '다른 생명체를 제어하는 것'의 연장선에 있지만, 오랜 시간에 걸쳐 일어나는 진화와 공생을 '탈출구'로 삼을 수 있는 생물계의 자연적 활동과는 달리 그리 많은 시간적 여유를 주지 않는 것 또한 사실입니다.

허용되는가, 허용되지 않는가는 이러한 점도 고려하며 결론을 내려야 할 문제입니다.

03 iPS 세포는 재생의료에 어떤 도움이 될까?

3장에서 소개한 'iPS 세포'.

다시 한번 되짚어 보자면, 이 세포는 역할이 전문화돼 더 이상 다른 세포로 변할 수 없게 된 체세포를 유전자 도입 등을 통해 다양한 세포로 분화할 수 있게 만든 세포로, '인공다능성 줄기세포'가 정식 명칭입니다. 이른바 '만능 세포'라고 하죠. 그 응용의 키워드는 '재생의료'입니다.

◎ 장기 재생은 아직 어렵지만…

모든 종류의 세포로 분화할 수 있다는 것은 iPS 세포로 어떠한 조직이든 장기든 만들 수 있음을 의미하므로 의료, 특히 **재생의료**에 유용할 것으로 보입니다.

다만 현재 iPS 세포를 이용한 임상 응용 연구가 활발히 진행되고 있기는 하나 아직 장기를 재생하는 단계에는 이르지 못했습니다. 3차원적인 장기를 구축하는 일은 현재의 과학 기술로도 생각보다 어렵기 때문입니다.

현재 가장 잘 알려진 응용 연구는 망막에 관한 연구입니다. 망막 일부가 변성돼 시력이 저하되는 노인성 황반변성이라는 질환은 지금까지 치료법이 확립되지 않았습니다.

그래서 iPS 세포로 망막 세포를 만들어 이식하는 치료를 위한 임상 연구가 현재 이화학연구소의 다카하시 마사요 박사를 중심으로 진행되고 있습니다.

노인성 황반변성뿐만 아니라 어떤 원인으로 인해 세포가 죽거나 조직의 정상적인 기능을 상실하는 질병에 대해서는 이론적으로 iPS 세포를 이용한 재생의료가 가능할 것으로 보이며, 일본을 중심으로 전 세계적으로 연구가 진행되고 있습니다.

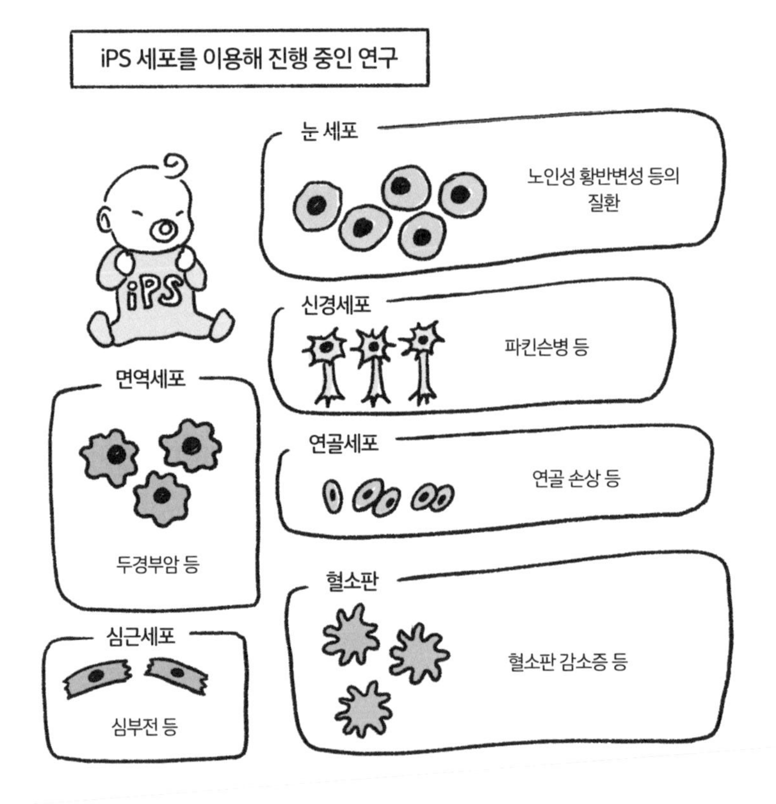

다만 iPS 세포가 극복해야 할 장벽도 존재합니다. iPS 세포가 체세포에서 만들어진다는 점 때문입니다. **체세포는 수정란에 비해 어느 정도 돌연변이가 축적돼 있을 가능성이 높으므로**, 그런 세포에서 iPS 세포를 만들어도 괜찮은가 하는 문제가 불거집니다. iPS 세포의 암 발생 위험은 오래전부터 제기되어 왔던 문제로, 그 점을 극복하기 위한 연구 또한 진행되고 있을 터입니다.

◎ 내 세포를 이용해 안전하게 약물의 작용을 확인할 수 있다!?

사실 이러한 임상 연구와 마찬가지로, 아니 어쩌면 그보다 더 중요한 iPS 세포의 활용법이 있습니다. 바로 **iPS 세포를 자신의 실험동물로 활용**하는 것입니다. 대체 무슨 뜻일까요?

물론 자신의 iPS 세포로 쥐나 토끼 같은 실험동물을 인공적으로 만든다는 의미는 아니며, 그런 일은 아직 불가능합니다. 여기서 말하는 것은 **iPS 세포를 배양해 실험용 배양 세포를 만든다**는 뜻입니다. 따라서 그 배양 세포는 환자 자신의 세포로 만듭니다. 그 세포에 여러 가

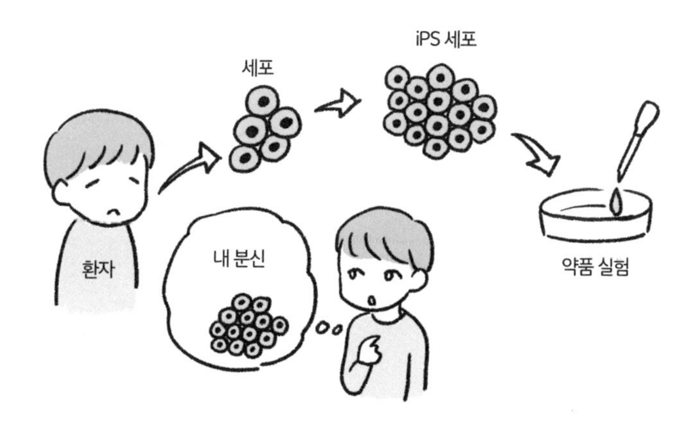

지 약물을 작용시켜서 증식이 억제되는지, 반대로 증식에 영향을 주지 않는지 등을 조사하는 것이죠.

약의 효과는 사람마다 다르므로, 그 환자의 iPS 세포를 약물 실험에 사용하면 그 환자에게 맞는 맞춤형 투약 전략을 세울 수 있는 셈입니다.

04 iPS 세포 외에 다른 만능 세포도 있을까?

인간이 만든 것 가운데 완벽한 것은 없습니다. 물론 자연이 만든 것에도 완벽한 것은 없을 겁니다(완벽함에 대한 정의는 차치하고).

iPS 세포는 어떻게 만들어졌을까요? 그 열쇠는 iPS 세포보다 훨씬 이전에 만들어진 또 다른 만능 세포가 쥐고 있었습니다.

◎ iPS 세포는 왜 순조롭게 만들어졌을까?

iPS 세포를 만드는 실제 방법에 대해서는 이미 설명했듯이, 네 가지 유전자를 동시에 섬유아세포에 도입하면 해당 세포는 iPS 세포가 될 수 있었습니다. 그렇다면 그 네 가지 유전자는 그냥 아무거나 넣어보다가 우연히 그 네 가지가 성공한 걸까요? 아닙니다.

또한 iPS 세포는 그저 적당히 배양한다고 해서 심근세포나 신경세포, 상피세포 등으로 분화하지 않습니다. 특정 조건에서 배양해야만 그런 세포들로 변화하죠.

iPS 세포가 순조롭게 만들어질 수 있었던 이유는 사실 iPS 세포보다 훨씬 이전에 이미 잘 연구된 또 다른 만능 세포가 존재했기 때문입니다.

◎ iPS 세포보다 25년 먼저 만들어진 만능 세포가 있다!

그것이 **ES 세포**라는 세포입니다. ES는 '배아 줄기세포(Embryonic Stem Cell)'의 약자이죠.

원래 만능 세포는 우리 척추동물의 발생 과정에서 **아주 초기 세포가 가진 '만능성'**(정확히는 만능이 아닌 다능성)에 주목하면서 시작되었습니다.

우리 인간의 발생 과정에서 가장 다재다능한 세포는 무엇일까요?

바로 '수정란'입니다. 수정란은 모든 세포에 있어 최초의 하나이기 때문입니다. 우리 몸의 모든 세포는 그 뿌리를 거슬러 올라가면 단 하나의 수정란에 도달합니다. 다시 말해, 우리 몸의 모든 세포는 수정란이 만들어 낸 것이죠.

배아 줄기세포는 수정란의 이러한 다능성에 착안해 만들어졌지만, 수정란 자체를 사용하는 것은 아닙니다. 수정란이 여러 차례 분열해 만들어진 '배아'에서 향후 태아가 될 '내부 세포 덩어리'라는 조직의 세포를 채취하는 방식으로 만들어졌죠.

최초의 ES 세포가 만들어진 시기는 iPS 세포보다 25년 앞선 1981년입니다. 세계 최초로 ES 세포를 만든 마틴 에번스는 훗날 노벨 생리의학상을 받았습니다.

이처럼 ES 세포의 역사는 iPS 세포보다 훨씬 오래되었기에 그만큼 다양한 논문도 많이 발표되었고, ES 세포의 제조와 유지 방법 그리고 어떻게 배양하면 만능 세포로서 어떤 종류의 세포로 변화시킬 수 있는가에 대한 지식이 상당량 축적된 상태입니다. 덕분에 iPS 세포를 만들 수 있었다고 해도 과언이 아닙니다.

흔히 과학자는 항상 이제까지 축적된 과학적 지식이라는 '거인'의 어깨 위에 올라서야만 더 멀리(그 과학자가 목표로 하는 성과) 볼 수 있다는 비유가 있습니다. iPS 세포는 바로 그러한 선구자들의 끊임없는 노력 덕분에 나온 결과물입니다.

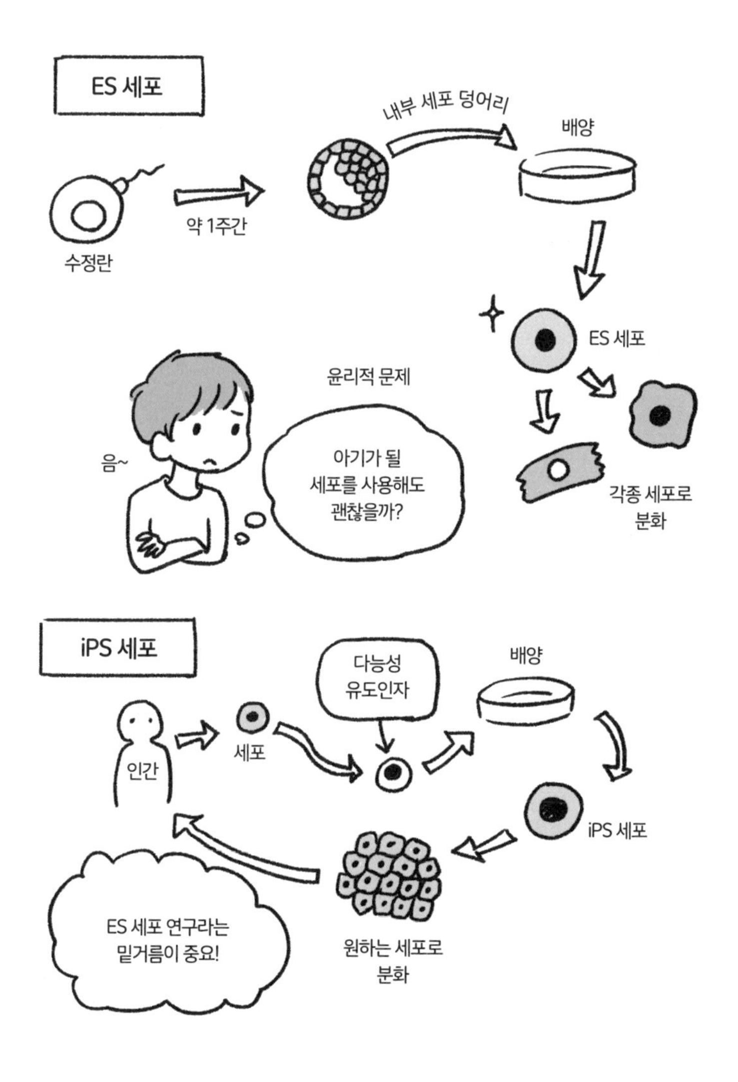

05 맞춤 아기는 실현될까?

예전에 '디자이너 베이비'라는 말이 유행한 적이 있습니다. 디자이너의 소질을 타고난 아기라는 뜻이 아닙니다. 인간이 원하는 대로 유전자를 조작해 만들어진 '맞춤 아기라'는 뜻이죠. 생명공학이 이 정도까지 발전하면 또다시 '디자이너 베이비'가 주목받을 수도 있습니다.

◎ 유전체 편집은 자신의 유전자가 변형된 것일 뿐

유전체 편집은 말하자면 생물의 유전체를 원하는 대로 변형할 수 있는 기술입니다. 그런 의미에서 유전자 재조합과 매우 유사하죠. 하지만 두 기술은 성질상 크게 다른 측면이 있습니다.

이를테면 유전자 변형 작물을 만들고자 하는 경우를 생각해 봅시다.

유전자 재조합 작물은 외래 유전자(다른 생물의 유전자)를 숙주의 유전체에 넣어 그 성질을 변경한 것이지만, 삽입된 외래 유전자는 그대로 숙주의 세포 내에 남습니다.

하지만 유전체 편집 작물은 특정 유전자에 돌연변이를 발생시켜 기능을 제거하거나 반대로 기능을 강화할 수도 있으므로, 외부에서 다른 생물의 유전자를 넣는 것이 아닙니다. 단지 **자신의 유전자가 변형**

된 사실만 남습니다. 물론 이론적으로는 외래 유전자를 삽입하는 것도 가능합니다.

달리 말하면, 유전체 편집은 그 생물이 가진 유전체의 염기서열을 자유자재로 변형해 원하는 형질을 지닌 생물을 만들어 낼 가능성을 지닌 기술입니다.

◎ 원하는 인간을 만들다

지금까지 몇 가지 유전체 편집 작물과 유전체 편집 동물이 개발돼 실용화된 바 있는데, 이를 간략히 소개하겠습니다.

GABA 고축적 토마토는 혈압 상승을 억제하는 효과가 있는 GABA라는 아미노산을 늘리기 위해 만들어진 것으로, GABA 생성에 관여하는 유전자에 돌연변이를 일으켜 GABA 함유량을 늘리는 데 성공한 토마토입니다.

근육을 늘린 근육질 참돔도 개발되고 있습니다. 이 가식부(可食部)

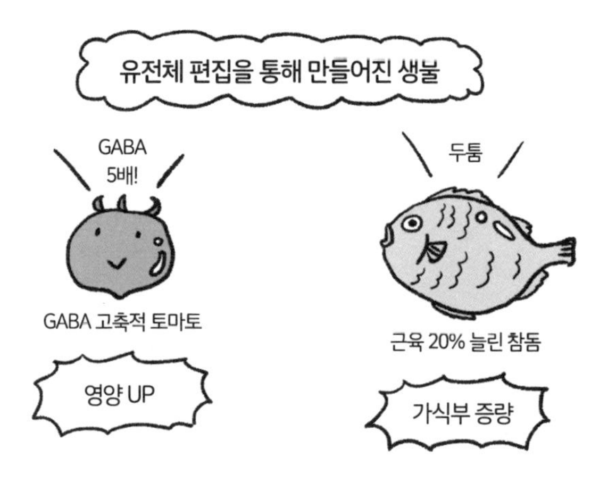

증량 참돔은 근육, 즉 골격근의 비대를 억제하는 마이오스타틴이라는 단백질의 유전자에 돌연변이를 일으켜 근육이 무려 20%나 증가했다고 합니다.

요컨대 작물이나 가축 가금류, 양식어류 등에서 특정 유전자의 발현이 억제되거나 촉진될 때 무엇에 어떤 영향이 나타나는지를 안다면, **해당 유전자에 돌연변이를 일으키는 유전체 편집을 했을 때 이론적으로 어떤 영향이 나타날지 추정할 수 있습니다.** 그다음은 실행만 하면 됩니다.

실행하면 된다고 말하긴 했지만, 역시 유전체 편집 기술을 마구잡이로 사용하는 일은 허용되지 않을 겁니다.

운동선수가 마이오스타틴 억제 유전체 편집을 통해 근육을 강화하는(아직은 이론적으로 현실성이 떨어지지만) 미래가 올지도 모릅니다. 유전체 편집을 도핑 검사의 대상으로 삼는 미래가 머지않았습니다. 역시 유전체 편집에는 일정한 규제가 필요하며, 실제로 존재합니다.

많은 나라에서는 수정란에 대한 유전체 편집을 허용하지 않고 있으며, 일본도 마찬가지입니다. 수정란의 유전체 편집을 허용하면 이른바 우생 사상으로 이어지는 '바람직한 아기 제작'이 만연할 터입니다.

유전체 편집은 유전체 편집 작물을 비롯해 의학 기초 연구에 이르기까지 다양한 분야에 응용되기 시작했습니다. 앞으로 어떤 세상이 올지는 유전체 편집을 하는 사람들의 이성과 국제 사회의 태도에 크게 좌우될 듯합니다.

06 암 치료법은 찾을 수 있을까?

한국인의 사망 원인 1위는 '암'입니다. '암'을 '악성 신생물'이라고 하기도 하죠. 앞으로 이 암은 생명공학의 힘으로 정말 완치될 수 있을까요?

◎ 생명공학의 목적 중 하나는 암을 치료하는 것

암은 우리의 세포로서 제대로 작동하던 세포가 유전체의 돌연변이로 원래 '역할'을 잊어버리고 반영구적으로 증식하면서 눈에 보이는 덩어리인 '암' 또는 '종양'을 형성하는 것입니다. 그리고 그 세포를 '암세포'라고 하죠. 위암이나 폐암은 물론 백혈병도 '혈액암'이라고 불릴 정도로 림프구나 그 기반이 되는 조혈모세포 등이 '암화(癌化)' 하는 질환입니다.

생명공학의 발전을 뒷받침해 온 것은 생물학자들의 순수한 과학적 호기심도 물론 있지만, 암으로 죽는 사람을 없애고 질병으로 죽는 사람을 줄이고자 하는 의학자들의 끊임없는 갈망도 있었습니다. 즉, 생명공학의 목적 가운데 하나는 암 발생 메커니즘을 밝혀내 예방과 치료에 활용하는 것이라고 할 수 있습니다.

◎ 유전자 수준의 분석을 통해 암의 정체를 밝혀낸다

암과 그와 관련된 생명공학을 생각할 때, 두 가지로 나눠 생각해 볼 필요가 있습니다.

하나는 앞서 언급한 **'암이란 무엇인가'를 규명하는 기초 연구**에서의 생명공학이고, 다른 하나는 **'암의 예방과 치료'를 목적으로 하는 응용 연구와 임상에서의 생명공학**입니다. 여기서는 특히 그 효과가 광범위한 분야에 걸쳐 있는 암의 기초 연구에서의 생명공학에 대해 살펴보겠습니다.

기초 연구에서는 PCR, 유전자 재조합 등이 활발하게 이루어지면서 특정 암의 원인 유전자를 찾아내거나 그 유전자의 기능을 밝혀냈습니다.

또한 암세포는 원래 인간의 정상 세포였기 때문에 인간 유전체를 가지고 있지만, 암이 되면 유전체가 불안정해져 원래의 인간 유전체와는 크게 달라진다는 것이 밝혀졌고, 각각의 암에 대한 유전체 분석으로 그 원인을 규명하는 연구도 이뤄지고 있습니다. 이러한 암 특유의 유전체를 **암 유전체**라고 합니다.

암 유전체의 주요 연구 중 하나는 특정 암 유전체의 모든 염기서열을 밝혀내는 연구로, 21세기에 들어서 개별 인간 유전체의 전체 염기서열 분석 기술이 발전함에 따라 가능해졌습니다.

각 암 유전체의 전체 염기서열을 밝혀내면 서로 다른 성질을 가진 암 유전체끼리 비교할 수 있으므로, 암의 특성과 유전정보 간의 관계를 더욱 상세히 밝혀낼 수 있습니다.

그뿐만 아니라 암세포에 따라서는 유전자 자체에는 돌연변이가 없어도 그 발현을 조절하는 메커니즘에 변이가 생겨, 특정 유전자가 비정상적으로 발현되거나 발현해야 할 유전자가 발현되지 않는 현상이 나타날 수 있는데, 발현된 RNA를 포괄적으로 연구하는 전사체 분석(transcriptome analysis)이라는 방법을 통해 암세포와 정상 세포 간의 차이가 점차 드러나고 있습니다.

또한 암의 근원세포로 의심되는 **암 줄기세포**에 관한 연구도 있습니다.

이처럼 유전자 수준에서 분석하는 생명공학 기술이 암의 기초 연구에 크게 이바지하고 있습니다. 암을 완전히 치료하는 방법은 머지않아 반드시 발견될 것이라 믿습니다.

암 억제 유전자의 이상으로 암이 된다

세포 증식을
암 억제 유전자가 제어한다

07 감염병과의 싸움은 영원히 끝나지 않을까?

감염. 참으로 무서운 단어입니다. 신종 코로나바이러스 팬데믹으로 전 세계 많은 사람이 이 단어를 혐오하게 된 것 같은데, 이전부터 크고 작은 '감염' 현상은 존재했습니다. 우리는 도대체 언제까지 감염과 싸워야 하는 걸까요?

◎ 충치도 감염병과 비슷한 것!

감염이란 미생물이나 바이러스가 우리 세포 안으로 침투하거나 신체 표면에 들러붙어 증식하는 상황을 가리킵니다. 그곳에서 증식하면 또 다른 세포에 침투하거나 다른 신체 표면에 들러붙어 마찬가지로 증식하기 때문에 세포에서 세포로, 개체에서 개체로 계속 퍼져나갑니다.

'전염'이라는 표현이 바로 그런 상황을 나타내는 것이죠.

자, 우리 인간은 늘 알게 모르게 어떤 감염병을 앓고 있으며, 그것과 함께 살아가고 있다고 해도 과언이 아닙니다. 가장 유명하고 친숙한 감염병은 무엇일까요?

무엇이 유명하고 친숙한지는 사람마다 다르겠지만, 답은 **'충치'**입니다.

충치의 원인은 '뮤탄스균(스트렙토코쿠스 뮤탄스)'이라는 세균이 구강 내에서 서식하는 과정에서 산을 생성해 치아 법랑질을 녹이기 때문입니다. 세포 안으로 침투하는 것은 아니지만, 그곳에서 '증식하는' 상황이므로 '감염' 질환이라고 할 수 있죠.

감염병 하면 바이러스를 먼저 떠올리게 되듯이, 신종 코로나바이러스뿐만 아니라 독감 바이러스, 노로바이러스, 헤르페스 바이러스, 폭스바이러스 등 감염병을 일으키는 바이러스는 많습니다.

한편 결핵균, 이질균, 출혈성 대장균, 포도상구균, 폐렴구균 등 세균이 감염해 발생하는 예도 있으며(충치도 마찬가지), 말라리아, 이질아메바, 톡소플라스마와 같은 기생충(우리와 같은 진핵생물)에 의해 발생하는 예도 있습니다.

요컨대 우리 인간 주변에는 감염병을 일으키는 생물과 바이러스가 득실대며, 그들과 공생하거나 혹은 그들에게 기생 당하면서 우리는 이 지구에서 살아가고 있습니다.

◎ 병원체는 멸종하지 않는다

따라서 지구에서 살아가는 한 감염병과의 싸움은 끝나지 않을 겁니다. 그 덕분에 우리는 면역체계를 이만큼 진화시켜 왔고, 다른 생물이나 바이러스와의 상호작용이 있었기에 우리도 진화할 수 있었습니다.

병원체를 근절시키는 대신 **병원체로부터 몸을 보호하는 수단을 진화시키는 것**. 그것이 인간은 물론 다른 생물에게도 그리고 이 지구 생태계에도 가장 좋은 길입니다.

하지만 역시 감염병으로 고통받고 싶지는 않습니다. 미생물과 바이러스인 병원체는 멸종되지 않을 겁니다. 따라서 멸종시키는 대신 예방적, 대증요법적으로 이들과 싸울 수밖에 없습니다.

백신과 항체는 이 싸움을 위한 큰 무기가 됩니다. 따라서 이러한 기술을 더욱 강력하고 적절하게 발전시켜야 감염병과의 싸움에서 유리한 고지를 점할 수 있습니다.

08 스타워즈에 나오는 클론 전쟁은 현실이 될 수 있을까?

클론이라는 단어에서 왠지 근 미래적인 이미지를 느끼는 사람이 많을 듯합니다.

클론이라 하면 마치 누군가를 복사한 것처럼 똑같이 생긴 것, 얼굴이나 체격, 성격도 정말 자신과 똑같은 것 그리고 그 '복사본'이 한 명이 아니라 여러 명 존재해 주변이 온통 클론으로 뒤덮인 상황. 이런 이미지가 떠오릅니다.

◎ 클론은 쌍둥이나 마찬가지?

픽션이기는 하지만 클론으로 유명한 것 중 하나가 제목에서도 언급한 영화 〈스타워즈〉에 등장하는 클론 병사들입니다.

클론 병사들은 원본 인물의 복제품으로, 어느 행성의 클론 공장에서 생물학적으로 대량 생산되어 전쟁에 투입되죠.

여기서는 이 스타워즈의 클론 병사처럼 원본 A라는 사람의 유전 정보를 전부 복사해 인공적으로 만들어졌으나 생명체로서의 구조와 메커니즘은 원본과 동일한 '다른 개체'를 가리키는 말로 '클론'이라는 단어를 사용하겠습니다.

생물학적으로 원본과 동일한 구조와 메커니즘, 기능을 가지고 있다면 그 클론도 원본과 같은 인격, 즉 '의식'과 '자아'가 있다고 볼 수 있습니다. **생물학적으로는 클론이지만, 한 사람의 인간**이라는 의미입니다.

일란성 쌍둥이는 하나의 수정란이 분열해 발생하므로 모든 유전정보, 즉 전체 염기서열이 '적어도 발생 초기에는' 동일합니다. 따라서 어떤 의미에서는 '클론'이라고도 할 수 있죠. 하지만 각자 분명 다른 인격을 가지고 있습니다.

◎ 클론 전쟁의 실현을 막는 방법은?

윤리적으로 생각해 보면, 가령 iPS 세포를 이용해 원본의 유전정보를 가진 다른 인격체(클론)를 만들어 낸다 해도 그것은 어디까지나 다른 인격체이며, 클론을 원본과 차별화해서 클론 전쟁의 병사로 쓰거나 전쟁을 목적으로 만들어 내는 행위는 용납되지 않을 터입니다.

다만 가치관은 시대에 따라 변하기 마련입니다. 이러한 윤리적 문제가 점차 달라져 '클론은 원본보다 열등하니 전쟁에 동원하라!'라는 생각이 만연한 사회가 올 수도 있습니다. 무서운 세상이죠.

이런저런 윤리적인 이야기를 했는데, 이는 어디까지나 개인적인 생각입니다. 하지만 개인적인 생각이라고 해서 무시해도 된다는 의미는 아닙니다. 개인적인 생각이 많이 모이면 일정한 과학적 지식으로 성장하기도 하죠.

냉정하게 생각해 보면, 현재 실제로 클론을 만들어 내고 있다는 점을 고려했을 때 클론 전쟁은 과학적으로 '있을 수 있는 일'입니다. 이를 막을 수 있는 것은 사람들의 윤리적 '생각'이 모인 큰 움직임일지도 모릅니다.

09 공룡을 현대에 되살릴 수 있을까?

여러분 중에 '만들기'를 좋아하는 사람이 많을 듯합니다. 개인적인 이야기지만, 제 큰아들도 어렸을 때 만들기를 무척 좋아했습니다. 초등학교 때 아들이 만들어 준 나무 선반은 지금도 우리 집 부엌에서 수납장으로 쓰고 있죠.

그렇다면 '생물'은 어떨까요? 물건을 만들 듯 뚝딱 만들어 낼 수 있을까요?

◎ 인공생물은 세포의 메커니즘을 완벽히 규명해야 가능하다

무언가를 만든다는 것은 특히 과학자가 되고 싶어 하는 아이들에게 특별한 의미를 갖습니다. 그리고 만드는 대상이 '물건'에서 '사람'으로 바뀌었을 때, 과학자로서 '눈을 뜨는' 아이도 있을 수 있습니다.

인간이나 생물을 인공적으로 만드는 것은 예로부터 과학자들의 목표 중 하나였습니다. 물론 인간을 인공적으로 만들고 싶은(=신이 되고 싶은) 근원적인 욕망도 있겠으나, 제가 하고 싶은 말은 **인간의 생물학적 메커니즘을 완벽하게 규명한다면 그 지식을 바탕으로 인간과 생물을 인공적으로 만들 수 있으리라는** 기대입니다.

그렇다면 인공생물이란 어떤 생물일까요? 여기서는 재료를 모아 그 재료로 세포를 처음부터 조립해서 만들어진 결과물을 '인공생물'이라고 하겠습니다.

생물의 메커니즘을 완벽히 이해하려면 먼저 세포의 메커니즘부터 완벽히 이해해야 합니다.

이는 앞서 말했듯이 세포가 생물의 기본 단위이기 때문이며, 바로 이 지점에서 아직 현재의 과학 기술로는 인공생물을 만들어 낼 수 없습니다. 우리는 아직 세포의 메커니즘을 100% 이해했다고 볼 수 없기 때문입니다.

세포생물학 분야에서는 전 세계적으로 시시각각 새로운 발견이 이루어지고, 새로운 논문이 발표되고 있습니다. 이는 세포생물학은 아직 연구할 여지가 많음을 의미합니다. 연구할 여지가 많다는 것은 아직 알려지지 않은 부분이 많다는 의미이기도 합니다.

요컨대 설령 세포의 재료가 모두 갖추어져 있다고 해도, 그 재료를 조립해 '세포 같은 것'을 만들었다고 해도, 그리고 그 세포 같은 것이 '세포처럼 행동'한다 해도, 그것이 진짜 세포와 같은 정밀도로 작동

하는지는 누구도 알 수 없으며, 그럴 가능성은 상당히 낮습니다.

애초에 핵이나 미토콘드리아, 소포체, 골지체, 리보솜 등도 각각의 주요한 역할이 어느 정도 밝혀졌지만, 그밖에 알려지지 않은 세부적인 역할이 있을지도 모릅니다. 특히 소포체에는 초기에 알려졌던 '단백질의 합성과 성숙' 외에도 세포 내에서 다양한 역할을 담당하는 것으로 밝혀진 바 있습니다.

여전히 우리가 모르는 기능이 있을 수 있는 겁니다.

그래서 영화 〈쥬라기 공원〉처럼 태고의 모기 혈액에서 추출한 공룡의 DNA를 사용한다고 해도, 이를 수천만 년 뒤 현생 생물의 세포에 도입해 태고의 공룡을 실제로 재현할 수 있을지는 알 수 없습니다.

왜냐하면 세포는 진화하기 때문입니다. 공룡이 멸종했을 때의 세포와 지금의 세포는 어딘가 다를 수 있습니다.

DNA를 넣으면 부활한다는 식의 단순한 작업이 아닙니다.

또한 3장 09절에서 소개한, 항체를 만드는 B 세포와 암세포를 융합하는 단클론 항체 제작 기술에서 보듯이, 서로 다른 세포끼리 붙이는 '세포 융합' 기술도 있습니다.

이종 생물의 세포를 융합하는 것이 가능은 하겠지만, 염색체(즉, 유전체)의 구성이 다르므로 융합된 세포를 어떻게 응용할지, 애초에 응용할 수 있는지는 미지수입니다. 세포 자체에 대한 이해가 부족한 상태에서는 역시 어려워 보입니다.

세포 자체의 모든 것이 규명되지 않았는데 어떻게 인공적으로 세포(생물)를 만들 수 있을까요? 저나 독자 여러분이 살아있는 동안에는 실현되기 어려울 듯합니다. 하지만 언젠가는 가능해질 날이 오리라 믿습니다.

10 생명공학이 발전하면 미래는 무엇이 달라질까?

이 책도 드디어 마무리할 때입니다. '아~ 드디어 끝이구나~'라고 생각했나요? 아니면 '어, 벌써 끝나는 거야?'라고 생각했나요? 글쓴이로서는 당연히 후자를 기대하지만, 전자였다면 제 책임이겠죠(웃음).

마지막으로 환경 문제를 생각하며 생명공학의 미래를 전망해 보겠습니다.

◎ 의료, 건강, 식품 등 '삶'을 지원하는 생명공학

바이오, 즉 생명공학은 생물학 중에서도 특히 분자생물학, 세포생물학을 기반으로 한 기술입니다. 그리고 분자생물학과 세포생물학은 우리 생물의 메커니즘을 모두 아우르며 생물뿐만 아니라 바이러스와의 관계 규명, 우리 삶과 밀접한 의료, 건강, 식품 등 광범위한 분야의 기본이 되는 학문이죠. 생명공학의 중요성은 일일이 열거하자면 시간이 부족할 정도입니다.

생명공학이 발전하면 미래의 인간은 대체 어떻게 될까요? 얼른 주변에서 '생명공학'적인 것을 찾아봅시다.

간장이나 두부의 원료인 콩. 전 세계에서 재배되는 콩의 80% 이상이 이미 유전자조작 콩으로 추정되므로, 이를테면 일본이 미국에서

수입하는 콩은 대부분 '유전자조작 콩'입니다.

당뇨병. 혈당 수치가 비정상적으로 높아지는 이 질환에 걸리면 혈당을 낮추기 위해 정기적으로 인슐린 주사를 맞아야 할 수도 있습니다. 인슐린은 원래 우리 인간이 췌장에서 생산하는 단백질의 일종이지만, 인간의 혈액에서 인슐린을 추출한다 해도 극소량만 얻을 수 있죠. 그래서 현재는 유전자 재조합 기술로 인슐린을 대량으로 합성해 의약품으로 유통하고 있습니다.

바이오에탄올도 있습니다. 옥수수처럼 다량으로 존재하는 생물 재료를 발효시켜 만든 알코올(에탄올)로, 이 역시 생명공학의 산물입니다.

그리고 신종 코로나. 두말할 필요도 없이 많은 사람이 생명공학의 꽃이라 할 수 있는 PCR 진단법의 혜택을 누려왔습니다. 앞으로 새로운 바이러스가 나올 때마다 PCR 검사가 일시적으로 널리 보급될 수도 있습니다.

물론 이 밖에도 다양한 분야에서 생명공학이 활용됩니다. 질병을 진단하고 치료하는 데에도 쓰이고, 약품과 식품에도 쓰이죠. 발효식품은 생명공학의 느낌이 덜하지만, 효모나 젖산균 등을 이용한 오래된 생명공학입니다.

지금 지구는 전대미문의 재앙을 겪고 있다고 생각하는 사람들이 있습니다. 대표적인 것이 지구 온난화와 기후 변화입니다. 생명공학은 과연 이러한 환경 문제에도 힘을 발휘할 수 있을까요?

이를테면 광합성에 관한 연구는 전 세계적으로 매우 활발하게 이뤄지고 있습니다.

광합성은 이산화탄소를 고정하고 산소를 방출하는 과정이라 할 수 있으므로 지구 온난화 해결에 적합한 주제입니다. 인공적으로 광합성을 하는 연구나 식물의 광합성 능력을 향상하는 연구가 생명공학을 활용해 매일 진행되고 있습니다.

자, 미래에는 어떤 생명공학이 발전할까요? 생명과학의 발전은 무척 빨라서 1년 앞을 예측하기 힘든 분야입니다.

iPS 세포, mRNA 백신 그리고 인공 생명을 훨씬 능가하는, 이전에는 생각지도 못한, 인류의 생존과 관련된 중대한 기술이 기다리고 있을지 모릅니다. 그러나 안타깝게도 저는 그때까지 살지는 못할 듯합니다.

젊은 여러분들에게 그 꿈을 맡기겠습니다.

지금까지는 물론 앞으로도 생명공학은 필수!

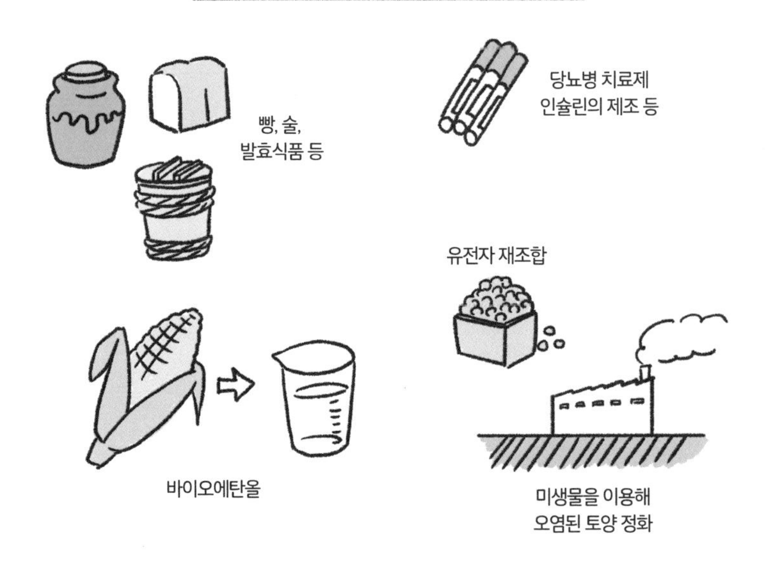

맺음말

우리는 평소 공기를 마시고 물을 마시며 생활하는 것이 당연해지면 어느새 공기와 물의 소중함을 잊어버립니다. 물은 마시고 싶어서 마시는 것이니 그나마 덜하지만, 공기는 정말 자연스럽게 들이마시고 내뱉는 것이라서 평소에는 그 고마움을 느낄 일이 거의 없습니다.

마찬가지로 세포와 유전자 역시 우리 삶에 매우 중요한 존재임에도 우리는 평소에 '그것이 존재한다'고 느끼지 못합니다. 세포와 유전자는 우리 몸 안에서 스스로 작용하고, 스스로 우리 몸을 유지해 주며, 스스로 보충되기 때문입니다.

하지만 덕분에 우리는 이렇게 살아갈 수 있습니다. 그 점을 잊어서는 안 됩니다. 그런 세포와 유전자의 작용에 잠시라도 시선을 돌리고 귀를 기울여 봅시다.

인생이 바뀐다고까지는 말하지 않겠지만, 앞으로 격변하는 사회를 살아가는 데 있어 새로운 깨달음을 얻을 수 있습니다.

도쿄 이과대학 교수,

다케무라 마사하루